# Zur Frage der Stellung der Bakterien, Hefen und Schimmelpilze im System

---

## Die Entstehung von Bakterien, Hefen und Schimmelpilzen aus Algenzellen

**Professor Dr. Dunbar**

Direktor des staatlich-hygienischen Instituts Hamburg

---

Mit 3 Figuren und 5 Tafeln

**München** und **Berlin**

Druck und Verlag von R. Oldenbourg

1907

# Vorwort.

Im Jahre 1893 machte ich Beobachtungen, welche mir den Gedanken nahelegten, daſs die Bakterien nicht selbständige Organismen seien, sondern in den Entwicklungskreis höherer Pflanzen gehörten. Falls diese Annahme richtig war, so gab es auf dem ganzen Gebiete der Bakterienforschung keine Frage, deren Bearbeitung und Klärung mir wichtiger hätte erscheinen können. Bei Fortsetzung der Versuche häuften sich bald die einschlägigen Befunde, und schon im Frühjahr 1894 war ich fest davon überzeugt, daſs Bakterien, Hefen und Schimmel in den Entwicklungskreis grüner Algen gehörten. Die Äuſserungen, die ich hierüber einigen Fachgenossen vertraulich machte, erregten bei diesen nur ein mitleidiges Lächeln, ja, ich muſste später erfahren, daſs meine Mitteilungen in einem Falle zu einem Vorgehen Anlaſs gegeben haben, daſs man kaum anders als feindselig bezeichnen kann. Das liegt in der geschichtlichen Entwicklung der Bakterienforschung begründet. Die Zeit liegt noch nicht fern genug, wo gerade die hier berührten Fragen den Gegenstand ausgiebigster und heftigster Kontroversen gebildet haben. Mit dem ganzen Miſstrauen und der Unduldsamkeit eines Siegers, welcher nach ˙hartem Ringen einen Gegner zu Boden geworfen hat, der ihm Jahrzehnte hindurch unüberwindlich erschien, steht die moderne Bakteriologie heute allen Fragen des sogen. Pleomorphismus der Mikroorganismen gegenüber.

Nicht weniger als dreimal war es, wie ein bekannter Forscher sich ausdrückt, nötig, die Irrlehren vom Poly- und Pleomorphismus der Pilze, Bakterien und Algen totzuschlagen, sukzessive und gesondert für Pilze, für Bakterien und für Algen.

Unter solchen Verhältnissen erschien es mir als Pflicht, mit meinen Beobachtungen nicht hervorzutreten, solange ich nicht in der Lage war, meine Auffassungen durch Experimente in solcher Weise zu erhärten, daſs jede Möglichkeit eines längeren Zweifels an der Richtigkeit meiner Feststellungen von vornherein ausgeschlossen wäre.

Schon vor vielen Jahren und seither wiederholt, habe ich geglaubt, dieses Ziel erreicht zu haben. Bei Wiederholung erfolgreicher Versuche versagte aber jedesmal wieder das Experiment, bezw. es gelang nicht in der Vollständigkeit und mit der Regelmäſsigkeit, die mir wünschenswert erschien.

Gerade so ist es mir bei meinen ätiologischen Forschungen über das Heufieber gegangen. 7 Jahre lang hatte ich nach einer greifbaren Handhabe gesucht, um die Richtigkeit meiner dahin gehörigen Auf-

fassungen in so überzeugender Weise zu demonstrieren, daſs die Ursache
dieser problematischsten aller Krankheiten als klargestellt gelten konnte.
Die Lösung war überraschend einfach, und das Experiment von zwingen-
der Überzeugungskraft. So einfach und unwiderleglich muſste, wie ich
meinte, auch der Nachweis über die Stellung gelingen, die den Bakterien, Pilzen und anderen Mikroorganismen in der Pflanzenwelt zu-
kommt, sonst war keine Aussicht vorhanden, dieser wichtigen Tatsache
in absehbarer Zeit die gebührende Geltung zu verschaffen.

Alles Zureden und jedwedes eigene Gelüste, mein stetig wachsendes
Unterlagenmaterial bekannt zu geben, habe ich von der Hand gewiesen,
indem ich mir immer von neuem das Ziel steckte, das Experiment so
einfach zu gestalten, daſs ein Jeder, der die bakteriologische Technik
beherrscht, imstande wäre, es zu wiederholen und zu bestätigen. Dieses
Ziel, das mir im Laufe der Jahre immer wieder in ungreifbare Ferne
zu entweichen schien, habe ich nun endlich erreicht. Die in dieser
Abhandlung mitgeteilte Versuchsanordnung, welche die Richtigkeit meiner Theorie in unwiderleglicher Weise darzulegen gestattet, darf als
überraschend einfach bezeichnet werden.

Diejenigen, welche meinen, der Wert der Arbeiten Robert Kochs
könnte irgendwie beeinträchtigt werden, durch die Feststellung der Tatsache, daſs die Bakterien höheren Organismen angehören, unterschätzen
die Festigkeit der Grundlagen, auf denen die Kochschen Arbeiten ruhen.
Für mich konnten die Kochschen Errungenschaften nur an Wert gewinnen, wenn ich Betrachtungen darüber anstellte, wie dieser eminente
Forscher, sogar ohne vollständige Kenntnis des Lebenszyklus des Erregers,
es verstanden hat, der Ausbreitung einer Seuche, wie der Cholera, Ein-
halt zu gebieten. Die folgenden Worte, die Robert Koch im Zusammenhang mit der Choleraätiologie ausgesprochen hat, genügen, um
zu zeigen, wie unrecht man ihm tat, als man sich bemühte, ihn als
einen voreingenommenen Dogmatiker zu charakterisieren.

»Mag man sich die Choleraätiologie so einfach oder so kompliziert
vorstellen, wie man will, so wird mir doch jeder zugeben, daſs es sich
da immer um eine Kette von Bedingungen handelt, um eine Kette,
die das eine Mal sehr kurz ist, das andere Mal sehr lang sein kann.
Wenn es mir nun aber gelingt, aus dieser Kette ein einziges Glied zu
lösen, dann muſs die Kette, ob sie lang oder kurz ist, jedesmal zer-
reiſsen. Hierzu sind wir aber jetzt imstande. Das Glied der Kette,
welches wir genau als solches kennen, und gegen welches wir auch er-
folgreich vorgehen können, ist eben der Cholerabazillus. Von den
anderen Hülfsursachen wissen wir noch zu wenig, um sie im Kampfe
gegen die Cholera praktisch verwerten zu können. Wenn wir sie erst
einmal kennen werden, werden wir sie selbstverständlich ebenfalls zu
Hülfe nehmen. Vorläufig aber ist es nur dieses eine Glied, welches wir
zerbrechen können.«

Die nachstehend mitgeteilten Befunde betrachte ich als ein weiteres
Glied dieser Kette.

Durch die von Koch ausgebildete Methode zur Gewinnung von
Reinkulturen sind meine nachstehend beschriebenen Experimente erst
möglich geworden. Daſs eine endgültige Lösung der hier in Frage
stehenden Aufgabe ohne Hülfe der Reinkultur unmöglich sei, hat man
schon vor Jahrzehnten einzusehen gelernt.

Wohl hätte ich gewünscht, dafs Max von Pettenkofer noch von nachstehenden Ergebnissen meiner Untersuchungen Kenntnis erhalten hätte. Diese hätten die Brücke bilden können über den Abgrund, der seine Anschauungen von denen R. Kochs zu trennen schien.

Auf weiten Irr- und Umwegen habe ich mein vorläufiges Ziel erreicht. Aber selbst auf den anscheinend trostlosesten Irrfahrten konnte ich Beobachtungen sammeln, die sich bei dem weiteren Ausbau meiner Theorie werden verwerten lassen. Der Versuchung, solche Befunde in nachstehende Arbeit einzuflechten, oder auch nur anzudeuten, habe ich widerstanden, so interessant und beweiskräftig mir manche derselben erscheinen mufsten.

Die ganzen Fragen wegen Anwendung meiner Befunde auf die Infektionskrankheiten, denen ich in langen, zum Teil erfolgreichen Versuchsreihen näher getreten bin, habe ich ausgeschieden. Für sie mufs der feste Baugrund erst geschaffen werden, und das konnte meines Erachtens nur so geschehen, dafs zunächst auf irgendeine Art der unwiderlegliche Nachweis geführt wird, dafs die Bakterien nicht selbständige Organismen sind, sondern dafs sie höheren Pflanzen angehören. Die Ausführungen dieser Abhandlung steuern direkt auf dieses Ziel zu und lassen alles, was rechts und links vom Wege liegt, völlig unberücksichtigt. Nachdem von mafsgebenden Fachgenossen die Richtigkeit meiner nachstehend geschilderten Auffassungen bestätigt sein wird, werde ich den Beweis anzutreten haben, dafs aufser den Schimmelpilzen, Hefen und Bakterien auch noch andere Mikroorganismen und zwar solche, die man heute in das Tierreich rechnet, in den Entwicklungskreis der grünen Algen gehören.

Hamburg, den 2. September 1907.

DR. DUNBAR.

# Literaturverzeichnis[1])

Bail, Über Hefe. 1857.

De Bary, Untersuchungen über die Brandpilze. Berlin 1853.

>     Bot. Ztg. 1854, S. 425.

>     Virchow-Hirsch, Jahresber., II. Jahrg. 1867, Bd. II, 1. Abt., S. 240.

Bastian, Proc. of the R. Soc. of London Vol. XXI, 1872/73, p. 224.

Béchamp, Compt. rendus hebd. T. 63, 1866, p. 451.

>     ebenda, T. 66, 1868, p. 366.

>     >     T. 68, 1869, p. 466.

Beyerinck, Bot. Ztg. 1890, S. 725.

Brefeld,Botan. Untersuch. über Schimmelpilze. I. u. II. Heft. Leipzig 1872 u. 1874.

Billroth, Untersuchungen über Vegetationsformen von Coccobacteria septica. Berlin 1874.

Cohn, Ferd., Verhandl. d. Kaiserl. Leopold-Carolin.-Akad. d. Naturforsch. 1854. 16. Bd., 1. Abt., S. 101.

>     Ferd., Beiträge zur Biologie der Pflanzen, 1875, Bd. I, Heft 1, S. 108.

>     >     ebenda, Bd. I, Heft 2, S. 127.

>     >     >     1877, Bd. II, Heft 2, S. 249.

Ehrenberg, Die Infusionstierchen als vollkommene Organismen. Leipzig 1838.

Fraenkel, Zentralbl. f. Bakt., II. Abt., Bd. IV, 1898, S. 8.

Gärtner, ebenda, S. 1 und S. 52.

Hallier, Die pflanzlichen Parasiten des menschlichen Körpers. Leipzig 1866.

>     Gärungserscheinungen. Leipzig 1867.

>     Die Pestkrankheiten (Infektionskrankheiten) der Kulturpflanzen. Stuttgart 1895.

Hallier, Das Cholera-Contagium. Botanische Untersuchungen, Ärzten und Naturforschern mitgeteilt. Leipzig 1867.

Hallier, Parasitologische Untersuchungen bzgl. auf die pflanzlichen Organismen bei Masern, Hungertyphus, Darmtyphus, Blattern, Kuhpocken, Schafpocken, Cholera nostras etc. Leipzig 1867.

Hallier, Die Plastiden der niederen Pflanzen, Leipzig 1878.

>     Die Hefe der Alkoholgärung insbesondere der Biergärung. Weimar 1896.

Henle, Pathologische Untersuchungen. Berlin 1840.

Hensen, Schultzes Archiv f. mikrokop. Anat. III. Bd., 1867, S. 342.

Hoffmann, Bot. Ztg. 1860, S. 41.

>     Compt. rendus hebd. 1865, T. 60, p. 633.

Huxley, Quarterly Journ. of microsc. Science 1870. Vol. X. New Series, p. 355.

Karsten, Chemismus der Pflanzenzelle. Wien 1869.

Klebs, Arch. f. exper. Phathologie u. Pharm. 1873. Bd. I, S. 31.

Koch, Rob., Beiträge zur Biologie der Pflanzen von Ferd. Cohn, 1877, II. Bd., Heft 2, S. 277.

Koch, Rob., ebenda, Heft 3, S. 399.

---

[1]) Die benutzte Literatur ist im Literaturverzeichnis nur soweit eingetragen worden, als sie im Text zitiert worden ist. Eine vollständige Zusammenstellung der einschlägigen Literatur gedenke ich bei späterer Gelegenheit zu bringen.

Koch, Untersuchungen über die Ätiologie der Wundinfektionskrankheiten. Leipzig 1878.

Koch, Maßregeln zur Bekämpfung der Cholera. Vierteljahresschrift f. öffentl. Gesundheitspflege, Bd. 27, S. 159.

Lankester, Quarterly Journ. of. microsc. Science 1873. Vol. 13, new series, p. 408.

Leeuwenhoek, Arcana naturae. Delft 1695.

Letzerich, Virchows Archiv, Bd. 58, 61, 68.

     ›     Archiv f. exper. Pathologie u. Pharmak. 1880, Bd. 12, S. 354.

Lister, Nature. 1872.

     ›     Quarterly Journ. of microsc. Science 1873. Vol. 13, new series, p. 380.

     ›     Oeuvres réunies. Traduction du Dr. Gustave Borginon, Bruxelles 1882, p. 492.

Linné, Vollständiges Natursystem nach der 12. latein. Ausgabe u. nach Anleitung des holländ. Houttuynischen Werkes. Nürnberg 1773—76.

Löffler, Vorlesungen über die geschichtliche Entwicklung der Lehre von den Bakterien. Leipzig 1887.

Lüders, Joh., Bot. Ztg. 1866, S. 33.

     ›     ›   Schultzes Archiv f. mikroskop. Anat. 1867, III. Bd., S. 317.

Manasseïn, Mikroskop. Untersuchungen von Prof. Wiesner. Stuttgart 1872. S. 155.

Migula, System der Bakterien. Jena 1897 u. 1900.

Müller, O. F., Animalcula infusoria fluviatilia et marina. Hauniae 1786.

Nägeli, Gattungen einzelliger Algen. Zürich 1849.

Needham, Turbervill, Nouvelles découvertes faites avec le microscope, traduites de l'Anglais. Leyde 1747.

Needham, Turbervill, Observations upon the génération, composition and décomposition of animals and vegetable substances. London 1749.

Needham, Turbervill, Notes sur les nouvelles découvertes de Spallanzani, Paris 1768.

Neisser, Zentralbl. f. Bakt. I. Abt., Ref. Bd. 38, 1906.

Oltmanns, Morphologie und Biologie der Algen, 1. u. 2. Bd. Jena 1904 u. 1905.

Pasteur, Compt. rendus hebd. 1860, T. 50, p. 303.

Polotebnow, Mikroskop. Untersuchungen von Prof. Wiesner. Stuttgart 1872, S. 129.

Salomonsen, Bot. Ztg. 1876, S. 609.

Schröder u. v. Dusch, Journ. f. prakt. Chemie, 1854, I. Bd., S. 485.

Schröter, Beiträge zur Biologie der Pflanzen von Ferd. Cohn, 1875, Bd. I, Heft 2, S. 109.

Schulze, Franz, Gilberts Annalen d. Physik u. Chemie, 1836, Bd. 39.

Schwann, ebenda, 1837, Bd. 51.

Spallanzani, Physikalische u. mathematische Abhandlungen. Leipzig 1769.

Stutzer, Zentralbl. f. Bakt. II. Abt. 1901, Bd. VII, S. 81.

     ›   und Hartleb, ebenda, 1897, Bd. III, S. 6.

Thomé, Cylindrotaenium cholerae asiaticae, ein neuer in den Cholera-Ausleerungen gefundener Pilz. Virchows Archiv Bd. 38, S. 221.

Tulasne, Compt. rendus hebd. 1851, T. 32, p. 427.

Tyndall, Nature Vol. I, 1870, p. 339.

De Vries, Die Mutationen und die Mutationsperioden bei der Entstehung der Arten. Leipzig 1901.

De Vries, Die Mutationstheorie, Leipzig, Bd. I, 1901 u. Bd. II 1903.

     ›   Arten und Varietäten. Berlin 1906.

Winogradsky, Contributions à la morphologie des organismes de la nitrification, Arch. de sciences biologiques. St. Petersbourg 1892.

Winogradsky, Beiträge zur Morphologie und Biologie der Bakterien. 1. Heft, 1888.

# I. Kapitel.

# Zur Entwicklungsgeschichte der Frage betr. die Stellung der Bakterien im System.

Antony van Leeuwenhoek hat im Jahre 1683 als Erster Mikroorganismen beschrieben, welche zweifellos Bakterien waren. Im Laufe der seither verflossenen zwei Jahrhunderte ist die Frage fortgesetzt sehr lebhaft erörtert worden, woher diese kleinsten aller bekannten Lebewesen wohl stammten, und welche Stellung ihnen im System zuzuweisen wäre.

Einer alten Tradition folgend, nahmen manche Autoren an, die Bakterien entstünden durch Urzeugung. Einerseits glaubte man, Bakterien könnten aus toten Materien entstehen. Bastian z. B. beobachtete im Jahre 1873 Bakterienentwicklung in Infusionen, die er so gründlich aufgekocht hatte, daß seiner Ansicht nach, kein Lebewesen mehr darin existieren konnte. Er erklärte, diese Bakterien könnten nur durch Generatio spontanea aus der Flüssigkeit selbst entstanden sein. Für diesen Vorgang schlug er den Namen Archebiosis vor.

Eine derartige Art der Generatio spontanea aus toter Materie dürfte Nägeli kaum im Auge gehabt haben, als er vor etwa 50 Jahren erklärte, Pilze und Bakterien entstünden nicht nur aus Samen, sondern auch durch Urzeugung aus gärender oder faulender Substanz. Er dürfte sich den Vorgang etwa so vorgestellt haben, wie Needham. Dieser vertrat um die Mitte des 18. Jahrhunderts die Auffassung, die Bakterien entstünden durch besondere Vegetationskraft der Pflanzen, z. B. aus Gerstenkörnern zur Zeit der Keimung. Die Würzelchen, welche aus den Weizenkörnern auswüchsen, verwandelten sich in Tierpflanzen. Reichlich 100 Jahre später vertrat Béchamp ähnliche Ideen. Er erklärte, alle tierischen und pflanzlichen Zellen hätten kleinste Körnchen, Granulations moléculaires, die beim Sterben des Organismus nicht zugrunde gingen, sondern weiter lebten. Aus diesen »Microzymas«, welche die Ursache der Fermentation wären, könnten Mikroorganismen entstehen. Eine ähnliche Auffassung vertrat Karsten im Jahre 1869. In Pflanzenzellen, Speichel, Eiter etc. fand er kleine Körper, die sich, wie er meinte, zu Hefe, Vibrionen etc. entwickelten.

In neuester Zeit noch sind Arbeiten erschienen, welche die Auffassung vertraten, daß Bakterien aus lebenden Zellen, selbst der höchstentwickelten Tiere und Pflanzen, entstünden.

Mit solchen Auffassungen, die übrigens den allgemein als gültig
erachteten Satz »omne vivum ex vivo« nicht erschüttern würden, haben
meine eigenen Arbeiten nichts gemein.

Solange die Frage wegen Urzeugung der Mikroorganismen noch als
unwiderlegt galt, solange man also glaubte, Bakterien könnten jederzeit,
unter äuſseren Einflüssen, aus beliebigen tierischen oder pflanzlichen Zellen
entstehen, schienen Versuche, sie in ein bestimmtes System einzuordnen,
keinen Wert zu haben.   Man kann sich also nicht wundern, wenn ein
Systematiker von der Bedeutung Linnés damals noch die Bakterien einfach unter dem Namen »Chaos infusorium« zusammenfasste.

Durch die Arbeiten von Spallanzani (1769), Franz Schulze
(1836), Schwann (1837) Schröder und v. Dusch (1854), H. Hoffmann (1860), Pasteur (1860), Tyndall (1876) und Ferd. Cohn (1875)
wurde die Lehre von der Urzeugung zu Fall gebracht, und seither konnte
der mehr als ein Jahrhundert zuvor aufgeworfenen Frage ernstlich näher
getreten werden, ob die Bakterien zum Tier- oder Pflanzenreich zu rechnen wären.   Seit Ferd. Cohns grundlegenden Arbeiten aus den Jahren
1853 und 1871—1875 ist die Meinung vorherrschend gewesen, daſs die
Bakterien zu den Pflanzen zu rechnen seien.   Cohn teilte sie den Süſs-
wasseralgen zu, obgleich er meinte, daſs sie ihrer Lebensweise nach mehr
mit den Pilzen übereinstimmten.   Die Bakterien bilden nach ihm den
Anfang der Phycochromaceenreihe.   Er schlug für sie den Namen »Schizo-
sporeae« vor, den er später durch die Bezeichnung »Schizophytae« er-
setzte, da nur bei einem Teil der so vereinigten Organismen sich Sporen gefunden hätten.   Die Mikrokokken und Bakterien schloſs Cohn an die
Chroococcaceen, Sarcine an Merismopedia, die Fadenbakterien an die
Oscillarien, Beggiatoa und Leptothrix, die Schraubenbakterien an die
Spirulinen an.   Zwischen Bakterien, Hefe und Schimmelpilzen besteht nach
Cohn keinerlei Zusammenhang.

Nachdem alle Unterscheidungsmerkmale, welche für niederste Pflanzen und niederste Tiere galten, sich im Laufe der Zeit als unhaltbar erwiesen haben, gehen moderne Botaniker, wie Migula, jetzt so weit, zu
erklären, es sei eine müſsige Spielerei, darüber nachzugrübeln, ob ein
Organismus Tier oder Pflanze sei.   Die Kennzeichen beider Reiche seien
so verflacht, daſs sie nicht mehr auseinandergehalten werden könnten.
Die Bakterien stellten einen Typus des organischen Lebens dar, in dem
sich eine Differenzierung zwischen Tier und Pflanze noch nicht vollzogen
hätte.   Man möge sie unbedenklich zu den Pflanzen rechnen, weil sie doch
schlieſslich bei der gegenwärtigen Abgrenzung der beiden Wissenschaften
irgendwo untergebracht werden müssten.   Nicht etwa weil sie mehr
Pflanze als Tier seien, gehörten sie dahin, sondern weil sie ihre nächsten
Verwandten unter Pflanzen hätten.   Vielleicht hätten sie auch eben so
nahe Verwandte unter den Tieren.   Jedoch wohl nur unter den aus-
gestorbenen.   Namentlich wiesen Analogien bei den Flagellaten darauf
hin. (Siehe auch Oltmanns.)

Die Bakterien werden also heutzutage allgemein zu den Pflanzen
gerechnet, oder doch wenigstens ihnen zugeteilt.

Gleichzeitig mit der Frage wegen Urzeugung wurde auch die Frage
lebhaft diskutiert, ob Bakterien konstante Formen aufwiesen, oder aber
ineinander übergingen, in der Weise, daſs eine Form aus einer ganz verschieden gestalteten entstehen könnte.

Den Bezeichnungen Pleomorphie und Polymorphie ist im Laufe der Zeit eine recht verschiedene Bedeutung beigelegt worden. In bezug auf die Schimmelpilze wird auch nach der zur Zeit vorherrschenden Meinung eine weitgehende Pleomorphie und Polymorphie angenommen. Als Pleomorphie gilt die Fähigkeit, mehr als zwei Fruktifikationsarten zu bilden, als Polymorphismus bezeichnet man die Fähigkeit, auf den Einfluſs veränderter Lebensbedingungen mit Änderung der Form und anderer Eigenschaften zu reagieren. Eine solche Pleomorphie oder Polymorphie gilt zurzeit als gänzlich ausgeschlossen, soweit Bakterien in Frage kommen. Es wird jedoch allgemein angenommen und zugestanden, dass ihre Form, und manche ihrer physiologischen Eigenschaften, nicht absolut unveränderlich seien, sondern sich durch äuſsere Einflüsse, wie z. B. Züchtung auf künstlichen Nährböden, besonders auf ungünstigen Nährböden, ändern können, innerhalb von Grenzen, welche über das Gebiet der Variabilität nicht hinausgehen. Man ist sich darüber einig, daſs nach Überimpfung auf günstige Nährböden die Bakterien alsbald ihre ursprüngliche Form immer wieder annehmen.

Anders zu beurteilen sind die in das Bereich der Mutabilität fallenden Veränderungen. Die hierhergehörigen, höchst bemerkenswerten Beobachtungen von de Vries haben ein neues Licht auf alle Fragen geworfen, die mit der Artentwicklung und der Deszendenztheorie zusammenhängen. Die einschlägigen Beobachtungen, die man bislang an Bakterien hat machen können, beschränken sich auf Änderungen in der Fähigkeit, Farbstoffe zu produzieren. (Neisser).

Ein weitgehender Pleomorphismus der Bakterien wurde angenommen von Tulasne (1851), Hoffmann, Bail, Lister (1872), Ray-Lankester (1873) Billroth (1874), Letzerich (1880) und anderen. Der hervorragendste Vertreter der hierhergehörigen Auffassungen war Billroth. Er bestreitet den Zusammenhang der Bakterien mit Hefen und Schimmelpilzen, ist aber der Meinung, daſs alle Bakterienformen aus einer einzigen Art, der sogenannten Coccobacteria septica hervorgehen könnten. Diese sei zu den Oscillarien zu rechnen. Billroth fuſst auf den Beobachtungen, die Ferd. Cohn 1870 an Crenothrix gemacht hatte, wonach die gelblichen Algenfäden, die früher als Leptothrix betrachtet wurden, der Organisation nach, zu den phycochromhaltigen Oscillarien, der Ernährungsweise nach, zu den Wasserpilzen gehörten. Zwischen den Gonidien der Crenothrix und gewissen Schizomyceten und farblosen Algen fand Cohn Ähnlichkeiten. Trotz der Formähnlichkeit der Crenothrix-Gonidien mit Bakterien, faſste sie Cohn doch nicht als Bakterien auf. Billroth aber, der im Jahre 1868 unter den Eindrücken der noch zu besprechenden Hallierschen Ideen den Brunnenschleim in Wasserleitungsröhren zu studieren begann, glaubte festgestellt zu haben, daſs sich in den Dauerformen des Brunnenschleimes blasser Coccus entwickelte, der durch Glia zusammengehalten würde. Dieser Coccus wüchse zu Bakterien aus. Die Art des Nährbodens entscheide darüber, welche Art von Bakterien entstünden. Wie Billroth diese Auffassungen auf die Entstehung infektiöser Krankheiten anwendete, soll hier nicht näher erörtert werden.

Frau Joh. Lüders (1866/67) ging noch weiter als Billroth, indem sie erklärte, die Bakterien seien keine selbständigen Lebewesen, sondern sie gehörten, ebenso wie die Hefen, dem Formenkreis von Schimmelpilzen an. Sie glaubte nicht an Urzeugung, obgleich auch sie Lebewesen zur Entwicklung kommen sah in Nährmedien, die vorher aufgekocht waren. Seither kochte sie alle Nährsubstrate eine Stunde lang im Papinschen Topf bei 140° C. Ihre ungeimpften Kontrollen blieben immer steril, selbst wenn sie monatelang im Wasserbade bebrütet wurden. Diese Beobachtung ist insofern auffallend, als sie ihre Reagenzgläser mit Gummipfropfen verschloß, durch die sie ein Glasrohr steckte, das zwar tief herabgezogen wurde, jedoch offen blieb, in Anlehnung an die bekannten Pasteurschen Experimente. Pasteur hatte aber bei seinen Versuchen Wert gelegt auf gleichmäßige Temperaturen, während diese bei den Lüdersschen Versuchen zwischen 30 und 40° C. schwankten. Frau Lüders impfte ihre Nährböden, z. B. Fleischwasser, in dem Moment, wo diese aus dem Kochapparat herausgenommen wurden, also in die siedende Flüssigkeit. Mittels Pinzette wurden Sporen von Mukor, Penizillium und ánderen Pilzen in die Gläser gebracht, die sie dann verschloß. Schon nach einigen Stunden trübte sich die Flüssigkeit. Nach 24 Stunden wimmelte sie regelmäßig von Vibrionen. Sie sah kleine Körper aus Myzel und Sporen der Schimmel austreten und sich zu Bakterien, Vibrionen, Palmellen und Hefezellen entwickeln, je nach den äußeren Umständen, in gärender Flüssigkeit zu Hefe, an nassen Mauern zu Leptothrix, oder Palmellen.

Hensen bestätigte diese Befunde 1867. Auch Huxley ließ sich durch die Arbeiten von Joh. Lüders überzeugen und er glaubte, dieselben auf Grund eigener Beobachtungen bestätigen zu können. Hallier erklärte, Frau Lüders hätte sich geirrt, die von ihr gesehenen bakterienartigen Formen seien nicht Vibrionen, sondern Leptothrixgebilde, die zwar, seiner Meinung nach, tatsächlich aus Pilzen entstünden, aber nicht das geringste mit Vibrionen und Bakterien zu tun hätten.

Die Arbeitsweise von Frau Lüders wird gekennzeichnet durch die Tatsache, daß sie in dem Blut von Tieren, das sie sofort nach Tötung derselben entnahm, sowie auch in tierischen Eiern, ausnahmslos Schimmel fand, aus dem sich dann Bakterien entwickelten.

Im Jahre 1866 veröffentlichte Hallier eine umfassende Arbeit über »Die pflanzlichen Parasiten des menschlichen Körpers«, in welcher er auf Grund sehr eingehender Untersuchungen behauptete, aus den Plasmakernen von Schimmelsporen entstünden Hefezellen und Leptothrixfäden. Säte er Pinselsporen in reines Wasser, so platzten manche derselben innerhalb 24 Stunden. Ein feinkörniger Inhalt, in Gestalt winziger Schwärmer wurde frei, die bei 1500facher Vergrößerung eine kegelförmige Gestalt zeigten und sich bohrend bewegten. Am zweiten Tage sollten diese Schwärmer freiliegend, oder án einer Unterlage haftend, eine ganze Kette neuer Glieder gebildet haben. Hallier hielt diese Ketten für identisch mit Leptothrix buccalis Remak. Diese Leptothrix sollte sehr zerbrechlich sein und bakterienartige Bruchstücke bilden. Die Form dieser Bruchstücke, und die Bewegung der Schwärmer hätte wohl die konstante Verwechslung der Leptothrix mit Vibrionen und Bakterien veranlaßt. Die Leptothrix sei als Gattung aus der Mykologie zu streichen und nur als eine Vegetationsform verschiedener niederer Pilze aufzufassen. Sie entstünden überall da, wo Pilze in ein sehr dünnflüssiges, und wenig nahrhaftes Medium gelangten, und schienen aus Plasmakernen von Schimmelpilzen jeder Art hervorzugehen.

Hallier warnte wiederholt vor einer Verwechslung dieser Pilz-
bildungen mit Vibrionen und Bakterien. Allgemein fände diese Verwechslung statt. Selbst Pasteur hätte sich derselben schuldig gemacht.
In bezug auf die Bestimmung und Begrenzung der Vibrionen und Bakterien tappe man noch ganz im Dunkeln.

Eine grofse Rolle spielt in den Hallierschen Arbeiten der Mikrokokkus. Dieser ist nach Hallier als eine, aus Schimmel entstandene,
Hefeform aufzufassen. Hallier protestierte energisch dagegen, dafs
Ferd. Cohn diesen, von Hallier geprägten Namen, für die Bezeichnung von Bakterien verwendet hätte.

Der Mikrokokkus, also eine aus Schimmelpilzen entstandene Hefeform, löst nach Hallier die verschiedensten, infektiösen Krankheiten
bei Pflanzen und Tieren aus. So soll er der Erreger der Masern sein,
des Hungertyphus, des Darmtyphus, der Blattern, der Kuhpocken, der
Schafpocken, der Cholera nostras, der Cholera asiatica, der Nafsfäule der
Kartoffeln, der Muscardine und der Gattine des Kohlweifslings etc.

Dieser Mikrokokkus soll sich aus den verschiedensten Schimmelpilzen entwickeln können.

Nach Hallier gibt es übrigens nur eine geringe Zahl von Pilz-
spezies. Jede derselben bildet verschiedene Pilzformen (Morphen), die
Köpfchenschimmelmorphe, Pinselschimmelmorphe und Brandpilzmorphe.
Das Nährsubstrat soll entscheidend dafür sein, welche Morphe bezw.
Generation sich entwickelt.

Nachdem Hallier solche Auffassungen in den Jahren 1866 und
1867 veröffentlicht hatte, erklärte er noch im Jahre 1867, es sei ihm
wahrscheinlich geworden, dafs die Gruppe der Vibrionen, Spirillen
usw. zu den Oscillarineen gehörte. Alle Erkrankungen, welche un-
mittelbar mit der Exhalation stehender Gewässer in Verbindung ständen,
z. B. Sumpffieber, Wechselfieber usw., sollten auf diese Abkömmlinge chlorophyllhaltiger Algen zurückzuführen sein. Viel wichtiger aber seien die
Pilzelemente, weil sie Leptothrix und Hefe, namentlich aber auch den
Mikrokokkus produzierten.

Im Jahre 1878 erklärte Hallier, er hätte beobachtet, wie aus den
Plastiden von Schimmelpilzen sich zunächst der schon erwähnte Mikrokokkus (also eine Hefeform), entwickelte. Dieser Mikrokokkus hätte
entweder Stäbchenform angenommen, d. h. er sei zu Bakterien ausge-
wachsen. Oder aber, er hätte Vibrionen gebildet. Dieselbe Auffassung
wiederholte Hallier im Jahre 1896. Er war also um diese Zeit selbst
zu der Meinung gekommen, dafs diejenigen Gebilde, welche er im Jahre
1867 noch Leptothrix nannte, — die er damals von Bakterien streng
schied, und vor deren Verwechslung mit Bakterien er so häufig und
dringend, oft in geradezu ausfallender Weise gewarnt hatte, — Bakterien
wären. Anscheinend hat Hallier es nicht für nötig gehalten, die Gründe
darzulegen, die ihn zu dieser Meinungsänderung veranlafst haben. Wenigstens habe ich unter seinen sehr zahlreichen Publikationen bislang noch
keine gefunden, welche eine Aufklärung über diesen Punkt enthielte.

Im Jahre 1867 hatte Hallier Gelegenheit, Untersuchungen an
Choleradejektionen vorzunehmen. Die hierher gehörigen, von ihm ver-
öffentlichten Ergebnisse, geben einen guten Überblick über seine damalige
anscheinend häufig mifsverstandene Auffassungsweise.

Thomé hatte aus sog. Kernzellen, die als Schwärmer aus den Schimmelsporen hervorgehen sollten, ein Oidium gezüchtet, das Cylindrotaenium cholerae asiaticae, das nach Hallier ganz unverkennbar die Oidiumform einer Mucorinee darstellen sollte. Hallier meinte nun, die Sporen dieser Mucorinee gelangten in den Magen und in die Därme der zuerst (im Orient) befallenen Individuen. Hier sollte sich aus ihrem Inhalt Kernhefe, Mikrokokkus, bilden, die sich noch viel energischer entwickelte, als andere Pilzformen, und deshalb imstande sein sollte, die Darmwand in Fäulnis zu versetzen. Die geringste Menge des Darminhalts Cholerakranker enthielte Hunderte von Kernzellen und wirke deshalb furchtbar ansteckend. Die Infektion könne auch durch Einatmen erfolgen. Auf Dungstätten vermehre sich die Hefe, solange hohe Temperaturen herrschten. Es handele sich eben um einen tropischen Schimmelpilz, der zu seiner Entwicklung hoher Temperaturen bedürfe. Die Cholera könnte also ohne Anwesenheit der höheren Entwicklungsform des Pilzes verbreitet werden, und deshalb wäre man nicht in der Lage gewesen, diese zu finden. Es würde aber leicht sein, sie in Fruchtsäften, Zuckerlösungen und konsistentem Stärkekleister, aus dem Thoméschen Oidium zu züchten.

Zu solchen Züchtungszwecken hatte Hallier einen Kultur- und einen Isolierapparat konstruiert, mittels derer es ihm immer gelang, die höchste Form des Krankheitserregers, d. h. den Schimmelpilz, zur Entwicklung zu bringen.

Noch im Jahre 1867 bot sich Hallier, wie schon erwähnt, Gelegenheit, Choleradejektionen zu untersuchen. In diesen fand er Gebilde, die er für Urocystis-Früchte hielt. Sie hatten grofse Ähnlichkeit mit den Früchten der Urocystis occulta Rab. Aus seinen Untersuchungen glaubte Hallier entnehmen zu können, dafs diese Form des Schimmelpilzes sich nur bei höheren Temperaturen entwickelte, wie sie etwa dem Klima Indiens entsprächen, und zwar nur auf Nährböden, die einen verhältnismäfsig hohen Stickstoffgehalt aufwiesen und alkalisch, jedenfalls nicht stark sauer reagierten. Aus indischen Berichten entnahm Hallier, dafs sich die Cholera in Indien, im Sommer 1817, nach einer ungesunden Reisernte, vom unteren Ganges aus verbreitet hätte. Dort bezeichnete man die Cholera geradezu als «morbus oryzeus». Man brachte sie also in direkten Zusammenhang mit einer Krankheit der Reispflanze. Den Schimmel, welchen er in Choleradejektionen gefunden hatte, hielt Hallier für einen Reisbrandpilz (Urocystis orycae), und es gelang ihm auch im Jahre 1868, diesen Pilz auf Reispflanzen zur Entwicklung zu bringen. Er zerstörte die Reispflanzen, während ähnliche, einheimische Schimmelformen, die zur Kontrolle herangezogen wurden, andere Reispflanzen unbeeinflufst liefsen. Der gefundene Reisbrandpilz bildete, nach Meinung Halliers, Generationsfolgen, bei denen Penicillium, Mucor, Tilletia und Achlya sich entwickelten. Nur im indischen Klima, bezw. im tierischen Verdauungstraktus, sollte sich eine fünfte Generation entwickeln können, welche zur Gattung Urocystis gehörte. Aus den Cystenfrüchten dieser fünften Generation sollen sich im Darm Hefekolonien entwickeln, nämlich der schon erwähnte Mikrokokkus.

Hallier arbeitete durchweg nicht mit reinem Material. Er verimpfte in seine Kultur- und Isolierapparate Hautschuppen, Dejektionen,

Sekrete usw., wodurch das regelmäfsige Auftreten der Schimmelpilze sich ohne weiteres erklärt. Auf diesen Fehler wurde man nicht sogleich aufmerksam. Aus allen Teilen der zivilisierten Welt liefen bestätigende, enthusiastische Mitteilungen ein. Verschiedene hervorragende Botaniker verhielten sich aber durchaus ablehnend. De Bary vermifste das erste Postulat einer morphologisch-entwicklungsgeschichtlichen Untersuchung, nämlich die organische Kontinuität sukzessiver Entwicklungszustände. Auffallend war ihm, dafs immer gerade der überall verbreitete Pinselschimmel in den Hallierschen Kulturen auftrat. Er schlofs daraus, dafs Schimmelsporen in den Hallierschen Kulturapparat von aufsen hineingelangt sein müfsten, bezw., dafs es sich bei Halliers Untersuchungen um unreine Aussaat gehandelt hätte. Auch H. Hoffmann wies jeden Zusammenhang der Bakterien mit Pilzen zurück. Brefeld verglich den Hallierschen Kulturapparat mit einem Regenmantel, den sich ein durchnäfster Mensch umhängt.

Mit einem Hinweis auf diesen Vergleich pflegt man heutzutage über die Hallierschen Arbeiten hinwegzugehen. Die eben angeführten Einwände gegen seine Methodik und Arbeitsweise waren ohne Zweifel berechtigt. Seine, mit ungeheurem Fleifs und gröfstem Enthusiasmus durchgeführten Untersuchungen und Beobachtungen, haben aber doch zu manchen interessanten Ergebnissen geführt. Bei späterer Gelegenheit werde ich auf die Hallierschen Arbeiten noch zurückzukommen haben.

Im Jahre 1872 wiederholte Polotebnow im Laboratorium von Wiesner in Wien die Lüdersschen Versuche, jedoch unter Anwendung Pasteurscher Nährlösung, anstatt der Zuckerlösung und des Fleischwassers. Polotebnow glaubte regelmäfsig beobachten zu können, dafs aus Schimmelsporen kleinste, runde Zellen austräten. Er hielt seine »kleinsten Körperchen« für Schwärmer des Schimmelpilzes und nannte sie Mikrokokkus. Dieser wurde oval, elliptisch oder länglich und nahm Stäbchenform an. Hierin glaubte er die Angaben von Frau Lüders bestätigen zu können. Oder aber der Mikrokokkus verwandelte sich in Hefezellen und diese Beobachtung fafste Polotebnow als eine Bestätigung der Hallierschen Befunde auf. Später fehlten aber die Hefezellen in seinen Kulturen regelmäfsig und nunmehr glaubte er weder an die Theorie von Hallier, noch an die von Lüders. Polotebnow kochte seine Nährflüssigkeit 5 Minuten lang, verschlofs sie mit Watte, die bei 200⁰C. behandelt war. Bei Impfung von Penizilliumsporen wurden diese ganz unter die Flüssigkeit getaucht, damit sie nicht in Berührung mit Luft blieben, weil sich dann immer Schimmel entwickelte. Die Bakterien, welche aus den »kleinsten Körperchen« herauswuchsen, glichen Schimmelmycel und stellten nach Polotebnows Annahme auch nichts anderes, als Schimmelmycel dar. Insbesondere sollten sie sich nicht vermehren. Das Nährmedium bleibt nach ihrer Entwicklung vollständig klar. Wenn Polotebnow sein Schimmelsporenmaterial in der Pasteurschen Flüssigkeit auf 50—80⁰C. 15 Minuten lang erhitzte, so wuchsen Bakterien aus ihnen aus, und zwar nicht nur Stäbchen, sondern auch Vibrionen und Spirillen. Selbst nach Erhitzung auf 90⁰C. trübte sich die Flüssigkeit innerhalb 18—22 Tagen noch. Polotebnow ist der Meinung, dafs diese Trübung nicht etwa durch die gebildeten Bakterien entstünde, sondern durch eine schleimige Substanz, welche beim Übergang seiner »kleinsten Zellen« in Bakterien sich bildete. Die schleimige Substanz sollte nicht entstehen, wo Bakterien sich direkt aus Schimmelsporen oder Myzel entwickelten. Aus seinen Ergebnissen glaubt Polotebnow schließen zu dürfen: Die Familie der Vibrionen sei nichts anderes als zarte Schimmelmyzelien. Das einmal zur Entwicklung gelangte Bakterium vermehre sich nicht.

Wiesner war von der Richtigkeit der Arbeiten seines Schülers nicht vollständig überzeugt und veranlaßte Manasseïn zu einer Nachprüfung. Die Manasseïnschen Arbeiten zeichnen sich vor allen anderen, gleichzeitigen Experimenten durch exakte Ausführung und klare Kritik aus. Manasseïn legte großen Wert darauf, daß sein Impfstoff, die Schimmelsporen, frei von allen anderweitigen Mikroorganismen wären. Er benutzte Schimmelkulturen deshalb nie, ohne sie vorher mehrfach in besonderer Weise umgeimpft zu haben. Auch stellte Manasseïn genaue Temperaturmessungen an, und er gelangte zu der Auffassung, daß Polotebnows Arbeiten nach dieser Richtung hin mangelhaft gewesen seien.

Auf Grund seiner Untersuchungen hielt sich Manasseïn für berechtigt, zu behaupten, es wäre kein Grund vorhanden, einen genetischen Zusammenhang zwischen Penicillium glaucum und Bakterien, im Sinne von Polotebnow anzunehmen.

Die eben dargelegten Auffassungen über Polymorphismus der Bakterien fielen in die Zeit, wo Forscher wie Ferd. Cohn, Schröter und andere, aufbauend auf den Arbeiten von O. F. Müller (1786) und Ehrenberg (1838), versuchten, die verschiedenen Arten und Gattungen der Bakterien gegeneinander abzugrenzen. Diese Forscher meinten, ein wirklicher Fortschritt in der Bakteriologie sei nur zu erwarten von der Ausbildung der Lehre der Spezifität der Bakterienarten, und sie maßen allen Autoren, welche für den Pleomorphismus und Polymorphismus eingetreten waren, die Schuld dafür bei, daß man bis dahin in der Systematik nicht recht vorwärts gekommen wäre. Auch wurde die praktisch wichtige Lehre von dem »contagium animatum«, und von der Spezifität der pathogenen Bakterien, immer wieder durch die Vertreter des Polymorphismus in Mißkredit gebracht. Einen endgültigen Sieg hatte diese Lehre erst zu verzeichnen, als Robert Koch seine ersten, mit Reinkulturen durchgeführten Arbeiten bekannt gab (1876).

Schon lange zuvor hatte man eingesehen, daß in der Bakteriologie ohne Reinkulturen der Bakterien nicht weiter zu kommen wäre. Bereits im Jahre 1840 hatte Henle für die ätiologische Beweisführung gefordert, man müßte den als Erreger angesprochenen Mikroorganismus erstens konstant nachweisen, zweitens ihn isolieren und drittens, die in Reinkultur isolierten Mikroorganismen näher studieren.

Die Unmöglichkeit, Reinkulturen von Bakterien zu gewinnen, war es hauptsächlich, welche alle Versuche zum Fortkommen in der Systematik der Bakterien und in der ätiologischen Beweisführung erschwert hatte. Klebs (1873) und Letzerich hatten sich lange Zeit vergeblich abgemüht, Reinkulturen in Gallertekammern zu gewinnen. Im Jahr 1876 gelang es Salomonson, getrennte Bakterienkolonien in Kapillarröhrchen zu erhalten. Lister (1882) verdünnte das zu untersuchende bakterienhaltige Material sehr stark mit sterilem Wasser, und übertrug je einen Tropfen der Verdünnung in Kulturgefäße. Auf diese Weise gelang es ihm, Reinkulturen zu erhalten und die schon im Jahre 1872 von Brefeld für Arbeiten mit Schimmelpilzen aufgestellte Forderung zu erfüllen, man müsse von einzelnen Keimen ausgehen. Erst Robert Koch aber gelang es, eine praktisch brauchbare Methode zur Gewinnung von Bakterien-Reinkulturen auszubilden.

Durch das Bekanntwerden von Robert Kochs bahnbrechenden Arbeiten schien die Lehre vom Polymorphismus und Pleomorphismus endgültig abgetan zu sein. Isolierte man bestimmte Bakterienarten nach der Kochschen Methode, so blieben sie in Form, in ihren kulturellen, sowie auch in allen sonstigen biologischen Eigenschaften stets unveränderlich, innerhalb der vorhin schon erwähnten, allgemein zugegebenen, sehr engen Variabilitätsgrenzen und bis auf die allgemein zugestandene, allmähliche Degeneration der meisten Bakterien auf unseren künstlichen Nährböden.

Als Hallier nach 30 jähriger Arbeit, im Jahre 1896 wieder mit der Behauptung auftrat, er könnte nunmehr unter Anwendung der Kochschen Reinkulturmethode den Beweis für den Polymorphismus der Bakterien antreten, ging man über seine Erklärung ruhig zur Tagesordnung über. Mich persönlich interessierten die neuen Hallierschen Arbeiten begreiflicherweise sehr. Ich mußte mich aber davon überzeugen, daß seine Methodik nicht einwandfrei und völlig unbrauchbar war.

Ein Jahr später, im Jahre 1897, traten Stutzer und Hartleb für die Zusammengehörigkeit von Bakterien und Pilzen ein. A. Gärtner und C. Fränkel konnten mit Leichtigkeit nachweisen, daß diese Autoren nicht mit Reinkulturen gearbeitet hatten. Migula bezeichnete die Stutzerschen Schlußfolgerungen als eine wissenschaftliche Leistung, wie man sie heutzutage selbst von einem Laien in der Bakteriologie nicht mehr erwartet haben würde.

Die zurzeit allgemein gültige Auffassung über die Stellung der Bakterien im System scheint mir am klarsten gekennzeichnet worden zu sein, durch folgende Ausführungen Migulas: Mit den Spaltalgen, ihren nächsten Verwandten, stimmen die Bakterien hauptsächlich überein in der Form, in der vegetativen Vermehrung und in der niedrigen Organisation der Protoplasten, sie unterscheiden sich aber von den Algen durch den Mangel des Phycozyans und des Zentralkörpers, durch die Art der Sporenbildung und durch die Form der Bewegungsorgane. Man hatte angenommen, daß die Bakterien erst nach dem Vorhandensein anderer Organismen aufgetreten sein könnten, weil sie zu ihrem Leben fertig vorbereitete, organische Substanz brauchten. Seitdem durch Winogradskys Untersuchungen über die Organismen der Nitrifikation festgestellt worden ist, daß es Bakterien gibt, die sich ohne organische Substanzen ernähren können, fällt der Grund zu solcher Annahme fort. Früher nahm man an, die Spaltalgen, welche sich von anorganischer Materie zu ernähren vermögen, müßten vor den Bakterien aufgetreten sein. Die Bakterien seien gewissermaßen als die farblos, parasitisch und saprophytisch gewordenen Vettern der ersteren aufzufassen. Mit Bütschli faßt Migula die Bakterien als die einfacheren, ursprünglicheren Formen der Schizophyten auf, die Spaltalgen als die höher organisierten, fortgeschritteneren, weil sich bei ihnen bereits ein Organ für die Assimilation fände, wie bei höheren Pflanzen. Migula ist der Ansicht, daß es sich bei den Bakterien um eine Pflanzengruppe handele, welche einen gemeinsamen Ursprung habe, daß ihre phylogenetische Entwicklung also

nicht von zwei ganz verschiedenen Stämmen ihren Ausgang genommen
habe, wie es manche Vertreter der Einteilung in endo- und arthrospore
Formen annähmen. Es würde sich seiner Meinung nach sonst nicht
erklären lassen, daſs sich beispielsweise in einer so scharf umschriebenen
Gattung, wie Sarcina, Formen mit und ohne Endosporenbildung finden.
Stellen die Spaltalgen einen höheren Typus der Spaltpflanzen dar, so
sind sie nach Migula doch nicht als eine direkte Fortentwicklung der
Bakterien zu betrachten, sondern vielmehr als eine Abzweigung, die vielleicht schon sehr früh erfolgte und nur in gewissen Gattungen die
direkten verwandtschaftlichen Beziehungen erkennen läſst. Jedenfalls
müsse diese Abzweigung zu einer Zeit erfolgt sein, wo weder bei den
Bakterien die Endosporenbildung noch auch bei den Spaltalgen die Arthro-
sporenbildung schon vorhanden war, beide Formen der Sporenbildung
hätten sich vielmehr später in den bereits getrennten Reihen entwickelt.
Darauf deuteten die Beziehungen zwischen Spirochaeta und Spirulina,
zwischen Beggiatoa und Oscillaria hin. Bei den Spaltalgen komme es
zur weiteren Entwicklung auch des Protoplasten, denn man könne von
den einfachsten Anfängen des Zentralkörpers Entwicklungsstufen bis zu
echten Zellkernen bei ihnen finden, wodurch sie sich den höheren Algen
näherten. Die Bakterien schienen sich dagegen nicht zu höheren Wesen fort-
entwickelt zu haben, sondern nach oben hin eine abgeschlossene Gruppe
zu bilden. Vielleicht sei Schizosaccharomyces ein Bindeglied zwischen
den Bakterien und höheren Pilzen, vielleicht aber stelle es auch nur eine
eigentümliche Entwicklungsform der Saccharomyceten dar, die mit den
Bakterien nur eine zufällige, äuſsere und scheinbare Verwandtschaft be-
säſsen.

Die moderne bakteriologische Literatur weist fast durchweg nur
spärliche Mitteilungen über die oben skizzierten Vorgänge auf. Auſser
dem hervorragenden Werke Löfflers (Vorlesungen über die geschichtliche Entwicklung der Lehre von den Bakterien) läſst hauptsächlich
das Werk Migulas (System der Bakterien) auf eigene Quellenforschung
schlieſsen.

Die mir bekannten, modernen bakteriologischen Werke stellen sich
samt und sonders auf den strengen Standpunkt der Selbständigkeit und
Spezifität der Bakterien, wie er von Ferd. Cohn und mit besonderer
Schärfe von Robert Koch aufgestellt worden ist.

Wer heute behaupten will, die Bakterien seien nicht selbständige
Lebewesen, muſs sich auf scharfe Zurückweisungen gefaſst machen. Er
muſs also besser gewappnet als seine Vorgänger in den Kampf ziehen.
Vor allem muſs er den Beweis dafür liefern, daſs seine Experimente und Beobachtungen allen Anforderungen der modernen Technik in vollkommenstem
Maſse genügen. Unter den mir bekannt gewordenen Arbeiten, welche
für den sog. Polymorphismus bzw. für die Zugehörigkeit der Bakterien
zu höheren Lebewesen eintraten, habe ich nicht eine einzige zu finden
vermocht, welche auf Experimenten mit Reinkulturen fuſste.

Betreffend meine eigenen Arbeiten möchte ich an dieser Stelle
schon erklären, daſs ich von vornherein in bezug auf Reinkulturen die
strengsten Anforderungen an meine Untersuchungen gestellt habe. Ich
werde dieses weiter unten des näheren beweisen. Wenn ich
nicht früher mit meinen Ergebnissen hervorgetreten bin, so hatte das
seinen Grund, wie schon bemerkt wurde, darin, daſs ich mit Rücksicht

auf die grofse Bedeutung des Gegenstandes den Wunsch hatte, eine Versuchsanordnung zu finden, welche das Gelingen des Experimentes mit gröfserer Sicherheit gewährleistete und eine Nachprüfung möglich machte, ohne jahrelange Studien zu fordern.  Das glaubte ich der Sache schuldig zu sein, nach allen den Enttäuschungen und Rückschlägen, welche die Arbeiten über Polymorphismus der Bakterien immer wieder gebracht haben.

Mit Urzeugung hat meine Theorie, wie ich oben schon darlegte. nichts gemein.  Meiner Meinung nach entwickeln sich die Bakterien aus chlorophyllhaltigen Pflanzen. Die Bakterien gehören nicht nur phylogenetisch zu den chlorophyllhaltigen Algen, sondern sie entstehen auch heute noch täglich, und überall aus solchen.

## II. Kapitel.

# Allgemeine Bemerkungen über den Gang meiner Versuche.

Gelegentlich der Untersuchung von Flußwasserproben auf Vibrionen beobachtete ich in den Peptonvorkulturen choleraähnliche Vibrionen, die in die Membran von Algenzellen eingeschlossen waren, diese gelegentlich annähernd ganz ausfüllten und sich auf das lebhafteste darin bewegten. Bei weiterer Verfolgung dieser Befunde zeigten sich auch Vibrionen von weit geringerer Größe, die alle an einem Zentralpunkt vereinigt waren und lebhafte Schlangenbewegungen machten, bis sie sich abrissen, nachdem sie annähernd die Größe von Choleravibrionen erreicht hatten. Es kamen mir Befunde zur Beobachtung, die ich nicht anders zu deuten vermochte, als in der Weise, daß die Vibrionen in den Algenzellen entstanden wären, und zwar nicht durch Zweiteilung, sondern auf anderem Wege. Später fanden sich andere Mikroorganismen, u. a. auch Hefe und Schimmelpilze in ähnlicher Beziehung zu Algen, und in den Reinkulturen der isolierten Schimmelpilze fanden sich Hefe und Bakterien in einer Anordnung, die mich zu der Annahme zwang, daß diese sich aus den Schimmelpilzen entwickelt hätten. Ich habe deshalb meine Studien zunächst mit Schimmelpilzen und Hefen fortgesetzt. Wiederholt gelang es mir, aus diphtherischem Material Hefe und Schimmelpilze von auffallender Pathogenität zu isolieren. Ich habe dann meine Untersuchungen auf andere Infektionskrankheiten, schließlich auch auf Pestmaterial ausgedehnt. Mittels Schimmelreinkulturen, die ich aus Kadavern von Pestratten isoliert hatte, gelang es mir, bei Ratten und Mäusen die Entstehung von Pestbeulen bis zu Haselnußgröße auszulösen, die fast schwarz aussahen und mit schmierig-blutigem Inhalt gefüllt waren. Selbst mit den virulentesten Pestbakterien ist mir das niemals gelungen. Zu jener Zeit glaubte ich am Ziel zu sein. Die betreffenden Kulturen verloren aber regelmäßig ihre Giftigkeit plötzlich so vollständig, daß nicht die geringsten pathologischen Veränderungen mehr mit ihnen zu erzielen waren. Unter diesen Umständen glaubte ich die Hoffnung aufgeben zu sollen, das Ziel, das ich mir gesteckt hatte, mit Hilfe von Schimmelpilzkulturen zu erreichen. Denn eine von vornherein überzeugende Beweisführung schien mir bei Benutzung von Schimmelkulturen nur in dem Falle möglich zu sein, daß es mir gelänge, mit meinen Kulturen jederzeit spezifische Krankheitserscheinungen auszulösen und die Entstehung spezifischer Bakterien nachzuweisen, die bei uns nicht vorkommen. Gelang das nicht, so mußte auch der Tierversuch ausscheiden, weil ein Arbeiten mit Reinkulturen dabei doch

nicht mit der Sicherheit durchzuführen ist, die bei einer so bedeutungs-
vollen Frage geboten schien.

Aus dem Jahre 1894 hatte ich eine Wasserprobe aufgehoben von
einem Schiffe, auf dem Cholerafälle vorgekommen waren. In dieser
Wasserprobe waren beim Eintreffen Choleravibrionen nachgewiesen
worden. Mittels Peptonkulturen vermochte ich aus ihr, selbst nach
monate- und jahrelangem Stehen, jederzeit choleraähnliche Vibrionen zu
isolieren, nicht aber Choleravibrionen. Ein sehr reichliches Wachstum
einzelliger grüner Algen hatte sich in der Flasche entwickelt, und wenn
ich diese Algen mit in die Peptonkulturen brachte, so konnte ich Erscheinungen, wie die weiter oben beschriebenen jederzeit beobachten.
Bei Aussaat auf Zuckergelatine gelang es mir hier und da festzustellen,
daſs die einzelligen grünen Algen zu Kolonien auswuchsen. Um jene
Zeit hatte ich noch keine Kenntnis von B e y e r i n c k s schon im Jahre
1890 ausgeführten, erfolgreichen Versuchen zur Isolierung solcher Algen.
Bei Durchsicht seiner Veröffentlichungen fiel es mir neuerdings auf,
daſs B e y e r i n c k wohl mehr Gewicht darauf legte, nur Algen von einer
Art in seiner Reinkultur zu haben, als darauf, daſs diese völlig frei von
Bakterien wären. Jedenfalls muſs es aber B e y e r i n c k gelungen sein,
auch bakterienfreie Algenreinkulturen zu gewinnen, denn eine Kultur,
die er mir später freundlichst übersandte, enthielt keine Bakterien. Ich
habe mich im Jahre 1896 lange abgemüht, ehe ich mit der Algenreinkultur zum Ziel kam. Es lag mir daran, eine Kultur zu bekommen,
die mit Sicherheit aus einer einzigen Zelle stammte. Ich legte deshalb
in groſser Zahl und sehr starken Verdünnungen Zuckergelatineplatten in
hohlgeschliffenen Objektträgern an und bezeichnete mir die Stellen, an
welchen einzelne Algenzellen lagen. Der weitaus gröſste Teil der Kulturen wurde durch das Wachstum der gleichzeitig vorhandenen Bakterien
überwuchert. Es kam hinzu, daſs nur wenige von den übertragenen
Algenzellen zum Wachstum in dem Nährboden neigten. Nach wochen-
langem Bemühen gelang es mir aber doch, eine einwandfreie kleine
Kolonie abzuimpfen, und mit den Abkömmlingen aus dieser Kolonie
habe ich während der vergangenen 11 Jahre meine Versuche fortgesetzt.

## III. Kapitel.

# Orientierende Versuche mit Algenreinkulturen.

Die von mir isolierte Algenreinkultur gehört den Palmellaceen an. Die Frage, ob sie identisch sei mit schon beschriebenen Algen, möchte ich an dieser Stelle noch offen lassen. Ich habe sie wegen des Fundortes (Trinkwasser des Schiffes Petronella) als Petronellaalgen bezeichnet, halte sie übrigens für eine bei uns weit verbreitete Algenart.

Es handelt sich um eine einzellige chlorophyllhaltige Alge von runder, ovoider oder elliptischer Gestalt. Die ganze Zelle wird in der Regel durch homogen erscheinendes, oder granuliertes Chlorophyll ausgefüllt, in dem man nur das etwa 2 $\mu$ grofse Chlorophyllbläschen erkennt. Der Primordialschlauch ist von einer sehr dünnen, bei 500facher Vergröfserung nur linienartig erscheinenden Cuticula umgeben. Die Vermehrung geschieht durch Teilung, siehe Tafel I Fig. O In frisch isolierten Kulturen entwickeln sich unter Umständen bewegliche, Cilien tragende Schwärmzellen, nach längerer Fortpflanzung auf künstlichen Nährböden nur ruhende Tochterzellen. In älteren Zellen findet man die von Nägeli beschriebenen Einlagerungen, welche als Amylum und Öltröpfchen bezeichnet werden, obgleich viele Autoren seit Jahrzehnten Zweifel darüber ausgesprochen haben, ob die betreffenden Substanzen wirklich immer Amylum und Öl seien. Von diesen Einlagerungen wird weiter unten noch die Rede sein.

Auf Zuckergelatine bildet die Petronellaalge innerhalb 1 bis 4 Wochen, je nach der Vorkultur, einen üppigen grasgrünen Rasen, der die Gelatine nicht verflüssigt. Auch auf Kartoffeln, Brot und anderen festen Medien entwickelt sich unsere Alge in derselben Weise. In flüssigen Nährmedien lagern sich die Zellen in der Regel auf dem Boden ab. Bei Verimpfung nur weniger Zellen bleiben sie in der Kultur oft 3 bis 4 Wochen makroskopisch ganz unsichtbar Dann zeigt sich ein sattgrüner, in der Regel kompakter Bodensatz, während das Aussehen der darüberstehenden Flüssigkeit völlig unverändert bleibt. In besonders günstigen Nährböden zeigt sich schon innerhalb einer Woche ein makroskopisch sichtbarer, grüner Bodensatz, und unter Umständen entwickeln sich die Algenzellen dann in der ganzen darüber stehenden Flüssigkeit, sodafs diese grün verfärbt erscheint.

Bei den Algen wird, ebenso wie bei den Bakterien und Pilzen, zurzeit grofser Wert auf die »Konstanz« der Form gelegt. Änderungen der Form innerhalb gewisser, enger Grenzen werden, ebenso wie für die Bakterien und Pilze, auch für die Algen zugegeben. Betrachtet man die auf Tafel I wiedergegebenen Formen, welche die Petronellaalge unter dem Einflufs des Nährbodens annimmt, so wird man zugeben müssen, dafs die Schwankungen in der äufseren Erscheinung dieser Alge sich innerhalb weiter Grenzen bewegen, und daſs eine Diagnose, lediglich auf die Form hin, doch recht schwer fallen dürfte, wenn nicht zugleich angegeben wird, in welchem Nährboden die Zellen gezüchtet wurden. Die gröſste der auf Tafel I abgebildeten Zellen (L) vermag etwa 40 von den unter Fig. A abgebildeten Algenzellen in sich aufzunehmen. Auch erscheint der Charakter dieser beiden Algen so verschieden, daſs niemand daran denken würde, sie für identisch zu halten.

Für die Zwecke, welche ich verfolgte, eignen sich Algen weit besser als Schimmel- oder Hefekulturen. Die Alge repräsentiert die höchste Stufe der zu beschreibenden zusammengehörigen Mikroorganismen. Sie ist die Mutterzelle, aus welcher sämtliche übrigen Formen entstehen und muſste deshalb einen besseren Überblick über den ganzen Entwicklungskreis gestatten als Schimmel- oder Hefekulturen.

Da die Kulturflüssigkeit, wie wir eben gesehen haben, drei bis vier Wochen vollständig klar bleibt, und in den von mir verwendeten Algennährböden Bakterien, Hefe und Schimmel üppig wachsen, so würden sie bei etwaiger Anwesenheit, das Nährsubstrat trüben, bzw. zum üppigen Wachstum gekommen sein, ehe noch das Algenwachstum sichtbar wird. Schlieſslich lassen sich alle die zu beschreibenden Vorgänge an Algen viel besser beobachten, als an Schimmelpilzen oder Hefen. Insbesondere kann man die Veränderungen in den Algenzellen, die dem Auftreten des Schimmels, die Hefe oder der Bakterien voraufgehen, in der Regel sehr gut verfolgen, und zwar vermag man nach einiger Übung mit ziemlicher Sicherheit, nach dem Aussehen der Algen, vorherzusagen, welche Art von Mikroorganismen in der betreffenden Kultur zu erwarten ist.

Lange habe ich mich mit der Frage beschäftigt, welcher Nährboden für Algenreinkulturen am besten geeignet sei. Wären mir die wertvollen einschlägigen Arbeiten Beyerincks damals bekannt gewesen, so hätte ich mir viel Mühe sparen können. Meine Ergebnisse finden sich weiter unten dargelegt.

Während der ersten Monate nach Isolierung der Algen verliefen die Versuche derartig günstig, daſs ich schon damals glaubte, das Experiment zu beherrschen. In überaus zahlreichen Kulturen, die wochenlang klar geblieben waren, und sich bei Untersuchung frei von Bakterien erwiesen hatten, traten nach Ablauf einer gewissen Zeit Bakterien auf. Es zeigte sich aber an den gleichzeitig angesetzten, zahlreichen Kontrollen, hin und wieder, daſs die Sterilisierungstechnik, die ich damals für meine Nährböden anwendete und die der allgemein üblichen entspricht, für die hier in Frage stehenden Versuche doch nicht ausreichte. Durch einstündiges Aufkochen in strömendem Dampf, an drei aufeinanderfolgenden Tagen, gelang es nicht immer, die etwa vorhandenen, widerstandsfähigen Bakteriensporen abzutöten. Die Ziele, die ich verfolgte, verlangten aber nach dieser Richtung hin absolute Sicherheit. Ich habe mich deshalb entschlieſsen müssen, sämtliche Nährböden, Glasgefäſse, Pipetten etc., überhaupt alles, was ich bei meinen Versuchen brauchte, eine Stunde bei $1^{1}/_{2}$ bis 2 Atmosphären im Autoklaven zu behandeln. Früher schon war ich dazu übergegangen, keine Kulturen zu öffnen, ohne vorher den Wattebausch und darauf den Rand des Kulturgefäſses gründlich abzubrennen bzw. abzuleuchten, ehe ich abimpfte, weil Vergleichsversuche an Kontrollen mir zeigten, daſs ohne diese Vorsichtsmaſsregeln gelegentliche Infektion der Kontrollen nicht zu vermeiden war.

Um jene Zeit, als ich angefangen hatte, ausschliefslich im Autoklaven zu sterilisieren, begannen die Versuche unsicher zu verlaufen, und bald gelang es überhaupt nicht mehr, aus den Algen Bakterien zu gewinnen.

Den Gedanken, als ob alle die Bakterien, welche ich früher gefunden hatte, die Dampfsterilisation überstanden hätten, mufste ich fallen lassen, schon aus dem Grunde, weil es sich bei den gewonnenen Bakterien fast durchweg um sehr zarte, wenig widerstandsfähige Gebilde handelte. Ich neigte zu der Auffassung, dafs die Zersetzung, welche die Nährböden durch die Behandlung im Autoklaven erfuhren, der Grund für das veränderte Verhalten der Algen sei, und stellte nunmehr Versuche mit Nährböden an, welche durch Tonkerzen und Kieselgurfilter keimfrei filtriert waren. Trotz sorgfältigster Behandlung und Prüfung der Filter mufste ich diese Versuche wieder aufgeben, weil keimfreie Filtrate nicht so ausnahmslos zu erzielen waren, wie es mir erforderlich schien. Ein Ton- oder Kieselgurfilter, das sich bei der Vorprüfung keimfrei erweist, kann nach der nächsten, noch so vorsichtig ausgeführten Aufkochung, Bakterien durchlassen. Auch habe ich mich davon überzeugen müssen, dafs es sehr schwer ist, etwa vorhandene Sporenbildner in solchem Filter sicher abzutöten, ohne das Filter zu schädigen.

Aber auch in den Filtraten, die sich als keimfrei erwiesen hatten, gelang es aus den Algen nicht immer Bakterien zu gewinnen, und ich glaubte, mich an den Gedanken gewöhnen zu müssen, dafs die Algen sich an die künstlichen Nährböden angepafst und ihre ursprüngliche Reaktionsfähigkeit eingebüfst hätten. Den Gedanken, es mit frisch isolierten Algenkulturen zu versuchen, liefs ich aus dem Grunde fallen, weil es keinen Zweck haben konnte, Versuche einzuleiten, von denen von vornherein zu erwarten war, dafs sie schon in absehbarer Zeit versagen würden. Es handelt sich hier um Fragen, bei denen es nicht genügt, zu erzählen, was man selbst gesehen hat, sondern bei denen man in der Lage sein mufs, das Kulturmaterial jederzeit zur Nachprüfung abzugeben, mit der sicheren Aussicht, dafs das Experiment auch in den Händen anderer gelingen wird. Ich sehe davon ab, alle die zahlreichen Versuche zu schildern, oder auch nur zu erwähnen, die ich um jene Zeit anstellte, um die Algen wieder in einen reaktionsfähigen Zustand zu bringen. Es folgten Jahre ununterbrochener Enttäuschungen. Schliefslich sagte ich mir, dafs es auch doch gerade bei Algen zu viel verlangt wäre, zu erwarten, dafs sie jederzeit die Veränderungen zeigten, auf welche ich hinauszielte. Die Algen reagieren auf äufsere Einflüsse jedweder Art äufserst empfindlich. Die geringsten Änderungen in der Beleuchtung, der Erwärmung, des Nährsubstrates, gewinnen einen durchgreifenden Einflufs auf ihre weitere Entwicklung, darin stimmen alle Autoren überein, die über Algen gearbeitet haben. Dafs meine Algenreinkulturen infolge der Fortzüchtung auf künstlichen Nährböden sich verändert haben mufsten, schien mir schon aus der Tatsache hervorzugehen, dafs sie Schwärmerzellen nur kurz nach der Isolierung bildeten, später nicht mehr, trotz aller Versuche, ihre Bildung anzuregen, wobei ich unter anderen auch die von Klebs empfohlenen Methoden verwertete. Ich glaubte, mich an den Gedanken gewöhnen zu müssen, dafs meine Algenkulturen ihre Reaktionsfähigkeit eingebüfst hätten.

## IV. Kapitel.

# Systematische Versuche mit Algenreinkulturen.

Im Frühjahr 1904 machte ich, einen bestimmten Gedanken ver-
folgend, eine Anzahl von Abimpfungen aus neun verschiedenen Algenkulturen, die schon zwei Jahre gestanden hatten. Jeder Kolben wurde
abgeimpft in eine neunfach verdünnte Zuckerbouillon. Diese Verdünnung war bei einer Serie der Nährböden mit Hamburger Leitungswasser
vorgenommen, das reich ist an mineralischen Bestandteilen, in der anderen
Serie mit destilliertem Wasser. Sämtliche neun Algenkulturen wuchsen
in den mit destilliertem Wasser hergestellten Nährboden weit üppiger als
in dem mit Leitungswasser verdünnten. Aber auch in diesem entwickelte
sich zunächst grünes Wachstum. Nach einigen Wochen verloren die
Kulturen aber die grüne Farbe, sie wurden zunächst gelblich, dann
wurde die Flüssigkeit trübe. Die Reihe, wo destilliertes Wasser benutzt
worden war, zeigte dagegen eine zunehmende Entwicklung des grünen
Wachstums. Sämtliche Kolben wurden in diesem Zustande untersucht,
und es stellte sich heraus, daſs alle neun, mit Leitungswasser angesetzten
Kulturen, Bakterien von ganz gleicher Form enthielten. Keine der mit
destilliertem Wasser angesetzten Kulturen enthielt Bakterien. Die Frage,
ob die Leitungswasserkolben eventuell nicht steril gewesen wären, muſste
nach eingehender Erwägung verneint werden.

Der Versuch wurde wiederholt. Dieses Mal entwickelte sich in den
mit Leitungswasser verdünnten Nährböden ebenso üppiges Algenwachstum,
wie in denen, die mit destilliertem Wasser angesetzt waren. In letzteren
traten auch nach sechsmonatlicher Bebrütung keine Bakterien auf. Dagegen zeigten sich um diese Zeit in den mit Leitungswasser angesetzten
Kulturen Stäbchen.

Das Hamburger Leitungswasser zeigt in seiner chemischen Zusammensetzung, je nach der Gröſse der Wasserführung der Elbe, beträchtliche
Schwankungen. Es wurde angenommen, daſs die ungleichen Befunde
zurückzuführen wären auf die inzwischen nachweislich eingetretenen
chemischen Veränderungen des Leitungswassers. Zunächst wurde der Gedanke weiter verfolgt, daſs durch die Armut des mit destilliertem Wasser
angesetzten Nährbodens an mineralischen Bestandteilen, die normale Vermehrung der Algen, durch den Reichtum an mineralischen Bestandteilen,
in dem anderen Nährboden dagegen, die Bakterienbildung begünstigt worden
wäre. Schon in den vorhergehenden Jahren hatte ich beobachtet, daſs
der Zusatz bestimmter, anorganischer Salze zweifellos die Entwicklung
der Bakterien begünstigte. Es wurden deshalb Nährböden hergestellt
unter Benutzung verschiedener Brunnenwässer, die mir als reich an

mineralischen Bestandteilen bekannt waren. Aufserdem wurden Nährböden verwendet, welche Ammoniumsulfat enthielten, und zwar benutzte
ich den Winogradskyschen Nitritnährboden, der schon in den vorhergehenden Jahren zu interessanten Ergebnissen geführt hatte, in starker
Verdünnung. Die nunmehr angesetzten Algenkulturen blieben aber bei
zwei- bis dreijähriger weiterer Beobachtung alle frei von Bakterien.

Gleichzeitig hatte ich folgenden Gedanken aufgenommen: Bei dem
im März 1904 angesetzten Versuche waren für die Nährböden mit Leitungswasser zufällig durchweg neue Glasgfäfse zum ersten Male verwendet
worden. Es hatte sich wiederholt gezeigt, dafs bei Sterilisierung im Autoklaven die Nährböden sich in neuen Glasgefäfsen trübten, trotz vorher-
gehender, sorgfältigster Reinigung der Gläser und Behandlung mit Säure.
Ich füllte in solche neuen, und in ältere Glasgefäfse, destilliertes Wasser
und Leitungswasser. Nach einstündiger Behandlung bei 128 $^0$ C im Autoklaven hatte sich der Alkaleszenzgrad des Leitungswassers verdoppelt.
Das neutrale destillierte Wasser war alkalisch geworden. Der Alkaleszenzgrad des Leitungswassers entsprach pro 50 ccm 0,9 ccm, derjenige des
destillierten Wassers 0,5 ccm einer $^1/_{10}$ Normalschwefelsäure. Die Alkaleszenz war bedingt durch Natron, aufserdem waren nicht unbeträchtliche
Mengen von Silikaten aus den Glasgefässen in das Wasser übergegangen.
Den Nährböden wurden jetzt Natronlauge- und Natronsilikatlösungen in
steigenden Mengen zugesetzt.

Schon kurze Zeit nach Ansetzen der Kulturen fanden sich in einigen
Kolben Bakterien, und zwar gerade in denjenigen, deren Alkaleszenzgrad
dem oben für die Leitungswassernährböden angegebenen entsprach. Das
wiederholte sich bei weiterer Verfolgung mehrfach, jedoch nicht regelmäfsig. Spätere Untersuchungen ergaben, dafs die Auflösung der Salze
aus den Glasgefäfsen durchaus unregelmäfsig verläuft, dafs verdünnte
Zuckernährböden, die mit gleichen Zusätzen von Alkali aufgekocht waren,
nachher zum Teil neutral waren, zum Teil alkalisch. Selbst bei verhältnismäfsig recht hohen Alkalizusätzen erwies sich der Nährboden neutral.
Es hängt das mit der Zersetzung des Zuckers zusammen. Diese Beobachtungen zogen sich über zwei Jahre hin. Immer wieder hatte ich
den Eindruck, dafs der Alkaleszenzgrad von grofser Bedeutung wäre und
dafs Kulturen mit Zusätzen gewifser anorganischer Substanzen, weit häufiger Bakterienbildung ergaben, als andere Nährböden, die gleichzeitig
geimpft worden waren.

Schon seit Jahren stand ich unter dem Eindrucke, dafs der Bildung
der Bakterien in der Regel ein allmählicher Reifungsprozefs voraus-
gehen müfste. Abweichende Befunde, wonach schon kurze Zeit nach
Impfung Bakterien auftraten, liefsen sich so deuten, dafs gereifte Algenzellen mit verimpft worden waren. Es mufste in diesem Falle aber schon
eine fast vollständige Reifung der Algenzellen vorliegen, denn als Regel
ergab sich immer wieder, dafs Algen, deren Zellinhalt sich in der gleich
zu beschreibenden Weise verändert hatte, diese Veränderungen verloren
und zu normalen, chlorophyllreichen Zellen auswuchsen und Tochterzellen
bildeten, sobald sie in frische Nährböden gebracht wurden. Aus diesem
Grunde bin ich im Laufe der Zeit bei meinen Versuchen immer mehr
davon abgekommen, eine Versuchsanordnung zu suchen, bei welcher die
Überimpfung in frische Nährsubstrate geschah. Es schien mir mehr
Erfolg versprechend, einen Einflufs auf die Algenzellen zu gewinnen, in

demselben Nährsubstrat, in welchem sie schon längere Zeit gewachsen waren. Auf die weitere Verfolgung dieses Gedankenganges komme ich später noch zurück. Meine Versuche nahmen zunächst aber folgende Richtung:

Ich hatte bemerkt, dafs junge, gut gewachsene Algenkulturen bei Übertragung auf Gelatine, diese nicht verflüssigten, also keine peptonisierenden Eigenschaften entwickelten. Kulturen, die ein Jahr oder länger gestanden hatten, zeigten dagegen bei Übertragung auf Gelatine mitunter ausgesprochene peptonisierende Eigenschaften. In der Regel traten in solchen Kulturen, die am stärksten peptonisierten, später Bakterien auf. Nicht etwa in der Gelatine. Auf dieser ergaben sich so gut wie nie Bakterien. Sondern in den Kulturen, aus denen die Gelatine geimpft worden war. Auf Grund dieser Beobachtung habe ich Enzyme verschiedenster Art, faulende Flüssigkeiten, keimfrei filtrierte, ältere Algenkulturen usw. auf Algen einwirken lassen. Es zeigte sich dabei, dafs fremde Enzyme, wie z. B. käufliches Pepsin und Pankreatin, auf die Algen gar keinen Einflufs ausübten. Diese entwickelten sich darin gut. Mit filtrierten Schimmelkulturen, filtriertem Darminhalt, sowie auch mit keimfreiem Filtrat alter Algenkulturen gelang es aber, in Bestätigung von Ergebnissen früherer Jahre unter Umständen den gewünschten Einflufs auf die Algen zu gewinnen. Trotzdem habe ich diese Versuche vorderhand wieder fallen lassen. Einerseits waren auch hier die Ergebnisse nicht regelmäfsig und anderseits habe ich mich, wie schon dargelegt wurde, davon überzeugen müssen, dafs es selbst bei sorgfältigstem Arbeiten nicht regelmäfsig gelingt, solche Substanzen keimfrei zu filtrieren.

Mir lag auch, wie wiederholt betont wurde, in erster Linie daran, mit einer Versuchsanordnung zum Ziele zu kommen, die so einfach wäre, dafs sie sich ohne grofsen Aufwand an Zeit und Mitteln jederzeit und überall leicht durchführen liefse. Dieses Ziel hielt ich zeitweise für erreichbar nach Ergebnissen, die mir bei einfachster Versuchsanordnung wiederholt zur Beobachtung kamen. Ich entschlofs mich deshalb, alle Versuche mit äufseren Einflüssen spezifisch biologischer Art, grundsätzlich fallen zu lassen, obgleich ich nach wie vor der Meinung bin, dafs diese im täglichen Leben bei den hier in Frage stehenden Vorgängen eine hervorragende Rolle spielen.

Ich habe bis hierher von den Veränderungen, welche sich in dem Zellinhalt der Algen bei meinen Versuchen ausbildeten, nicht gesprochen, obgleich die Frage sehr nahe liegt, ob bei diesen Versuchen die Forderung de Barys sich erfüllen liefse, betreffend den Nachweis der organischen Kontinuität sukzessiver Entwicklungszustände. Ich will auch jetzt noch nicht näher darauf eingehen, sondern mir die Besprechung dieser Fragen für ein besonderes Kapitel vorbehalten, nur mufs ich darüber hier schon einige Mitteilungen allgemeiner Art einflechten, um den weiteren Gang meiner Versuche zu erklären.

In einer Nährlösung, die sich aus Rohrzucker, Pepton und Ammoniumsulfat zusammensetzte, deren genaueres Rezept weiter unten mitgeteilt werden wird, bildeten sich in den Algenzellen innerhalb weniger Wochen farblose Kügelchen. In meinen frischen Algenkulturen fehlten solche farblose Einlagerungen vollständig. Man findet in ihnen ein grün gefärbtes, kugeliges Gebilde, Tafel III, Fig. B. I C. Bl., das Nägeli und Ferdinand Cohn als Chlorophyllbläschen bezeichnet haben. Nach Aufhören der Algenvermehrung durch Zellteilung beginnen die Algen auch in anderen Nährböden farblose Einlagerungen zu zeigen. Diese weichen aber ab von denen, die sich in dem P. A. Z. Nährboden entwickelten, den ich der Kürze halber Ammoniumsulfatnährboden nennen will. Schon zu einer Zeit, wo die Algen sich noch lebhaft durch Teilung vermehren, beginnen in diesen Nährböden die einzelnen Tochterzellen ein farbloses Körnchen aufzuweisen, das nach erfolgter Zellteilung weiter wächst und schliefslich einen erheblichen Teil der Tochterzelle ausfüllt. Tafel I, Fig. P und Tafel IV, Fig. D. In manchen Kulturen bleiben diese farblosen Kügelchen fast durchweg bei einer Gröfse von 2,4 $\mu$ stehen. Wenn dieser Zustand erreicht ist, so treten die Kügelchen häufig aus den Algen aus. In diesem Zustande unterscheiden sie sich noch von freiliegenden Penicilliumsporen dadurch, dafs sie weniger stark lichtbrechend sind. Mit der Zeit werden sie aber stärker lichtbrechend, sie beginnen sich zu vermehren, und in allen solchen Kulturen kann man mit Sicherheit darauf rechnen, dafs innerhalb kurzer Zeit Schimmel zum Wachstum gelangen wird, und zwar Penicillium. Es ist mir fast unangenehm, gerade der Schimmelbildung hier zuerst Erwähnung tun zu müssen, denn ein jeder Bakteriologe weifs, dafs die Sporen des Penicilliums ubiquitär verbreitet sind, dafs es schwer fällt, Kulturen mehrfach zu öffnen, ohne dafs Penicilliumsporen hineinfallen. Mit Rücksicht auf diese Tatsache habe ich das Auftreten von Schimmel in meinen Algenkulturen nicht zum Ausgangspunkt meiner Beweisführung machen wollen. Ich bitte, obige Mitteilung deshalb auch nicht in diesem Sinne zu bewerten, möchte aber hinzufügen, dafs die Schimmelbildung sich in derselben Weise in Kulturen vollzog, die nie geöffnet wurden und dafs die sehr zahlreichen, mit demselben Nährboden angesetzten, jedoch mit Algen nicht geimpften Kontrollen von Schimmel regelmäfsig frei blieben. Abweichend verhielten sich mitunter Kulturen in Gefäfsen, die mit Gummikappe verschlossen waren. Hier zeigte sich trotz vorsichtigen Abbrennens des Wattebausches und Befeuchtung mit Sublimat, trotz Behandlung der Gummikappe in Dampf oder Sublimat nicht selten Schimmel, auch in den Kontrollen. Aus Kulturen, die nicht mit Gummikappe verschlossen sind, verdunstet die Nährflüssigkeit durch den Wattebauschen hindurch. In der Regel dauert es 1 bis 2 Jahre, bis eine Kultur von 50 ccm Inhalt in meinen Kulturschränken bis zur Trockne verdunstet. Eine mit Gummikappe überzogene Kultur zeigt dann noch fast gar keine Abnahme der Flüssigkeitsmenge. Der Raum unter der Gummikappe, einschliefslich des Wattebausches, ist aber stets mit Feuchtigkeit gesättigt, und das genügt, trotz aller angewendeten Vorsichtsmafsregeln, verhältnismäfsig oft, um das Auskeimen der Schimmelsporen, die sich aus der Luft auf den Kolben niedergelassen haben, anzuregen und das Durchkeimen des Schimmelmycels durch den Wattebausch zu ermöglichen. Bei Kulturen, die nicht mit Gummikappe bedeckt waren, ist mir ein Durchtritt von Schimmel in meinen Schränken aufserordentlich selten zur Beobachtung gekommen. Ich habe allerdings bei jeder Kultur, bei der durch irgendwelche Unvorsichtigkeit der Wattebausch mit Kulturflüssigkeit benetzt wurde, diesen durch einen neuen ersetzt.

Nicht in allen Ammoniumsulphatkulturen tritt Schimmelbildung auf. In vielen Kulturen entwickeln sich die farblosen Kügelchen zu grofsen, lichtbrechenden Bläschen, welche ich in einer Gröfse bis zu etwa 11 $\mu$ gesehen habe (Tafel I Fig. P 2 bis 4). Solche Bläschen füllen oft die ganzen Algenzellen aus, so daſs man kaum noch Reste des Chlorophylls findet. In Kulturen, die sich derartig verändert haben, pflegt Schimmel sich nicht mehr zu entwickeln.

Wenn ich die Entwicklung der farblosen Kugeln bis zu der eben bezeichneten Gröſse nicht abwartete, sondern vorher die noch zu beschreibenden Versuche einleitete, so traten gerade bei den Ammoniumsulfatkulturen besonders häufig Bakterien auf. Ich habe deshalb orientierende Untersuchungen durchgeführt unter Verwendung verschiedener Zusätze, um festzustellen, wodurch die Bildung der farblosen Kügelchen angeregt würde. Ohne Zweifel handelte es sich um die Bildung eines farblosen Produktes auf Kosten des Chlorophylls. Dafür, daſs diese farblose Masse nicht leblos war, schien der Umstand zu sprechen, daſs die Kügelchen nach Freiwerden aus der Alge nicht selten weiterwuchsen, sich furchten und schlieſslich ein Aussehen zeigten, das entfernt an Froschlaich erinnerte. Diese froschlaichartigen Massen nahmen Anilinfarben nicht ohne weiteres auf. Sie erwiesen sich aber, wenn sie durch Erhitzen mit Fuchsin rot gefärbt wurden, als säurefest. Die Frage liegt sehr nahe, in welcher Beziehung diese farblose Masse zu dem erwähnten Chlorophyllbläschen stehe. Ich habe viele Beobachtungen machen können, wonach das Chlorophyllbläschen beim Auftreten der farblosen Kügelchen verschwand. Auch deuteten manche Befunde auf karyokinetische Vorgänge hin. In anderen Fällen blieb bei Algen die gewöhnliche Teilung aus. Die Algen entwickelten sich zu ganz ungewöhnlich groſsen Zellen, in welchen eine oder mehrere farblose Zellen eingelagert waren (siehe Tafel IV Fig. D). Die Frage, ob diese farblosen Körper ein Produkt des Chlorophyllbläschens darstellen, oder das Chlorophyllbläschen selbst, ob es sich um eine Degeneration des Bläschens handelt, oder um Veränderungen, die man anders nennen sollte, ist an und für sich so komplizierter Natur, daſs ein Eingehen darauf mich notwendigerweise von meinem Thema zu weit ablenken müſste. Ich will mich hier nur mit der Frage beschäftigen, ob diese Plasmamassen mit der Bakterienbildung zusammenhängen und kann diese Frage dahin beantworten, daſs ich schon seit Jahren unter dem Eindruck gestanden habe, daſs man am meisten Aussicht auf Auftreten von Bakterien in den Kulturen hat, wenn sich in den Algenzellen zuvor farblose Einlagerungen gebildet haben. In fast allen Algenkulturen traten farblose Körperchen auf, nachdem die Zellteilung aufgehört hatte. Je nach der verwendeten Nährbodenart sind diese Kügelchen gröſser oder kleiner, lichtbrechend oder matt, finden sie sich einzeln oder zahlreich in den Algenzellen eingelagert, nehmen sie verdünnte Anilinfarben an oder bleiben sie ungefärbt, färben sie sich mit Methylenblau rötlich, violett, hellblau oder dunkelblau. Manche dieser Einlagerungen färben sich mit Lugolscher Lösung gelb, andere bleiben farblos, wieder andere charakterisieren sich durch violette Färbung als Stärke. Man hat es also ohne Zweifel mit durchaus verschiedenartigen Gebilden zu tun, und solche verschiedenartige farblose Produkte finden sich nicht selten in ein und derselben Kultur oder gar Zelle. Man findet aber, daſs die Art dieser farblosen Kügelchen durch die Natur des Nährsubstrates erheblich beeinfluſst wird und daſs in bestimmten Substraten eine bestimmte Gröſse und Art dieser Kugeln vorherrschend wird. Weiter soll auf diese Frage hier noch

nicht eingegangen werden; ich wünschte nur hervorzuheben, daſs es
mir gelungen ist, durch Wahl der chemischen Zusätze, einen experimen-
tellen Einfluſs auf die Bildungsart der farblosen Körper zu gewinnen.
Die Feststellung dieser Tatsache habe ich als einen erheblichen Fortschritt in meinen Versuchen betrachtet.

Es waren aber mancherlei Fragen noch zu bearbeiten, die mir um
jene Zeit noch von wesentlicher Bedeutung erschienen, sich aber durch
langdauernde Experimente, wenn auch nicht als belanglos, so doch als
Vorgänge charakterisierten, mit deren Benutzung ich nicht hoffen konnte,
mein Ziel zu erreichen. Erwähnen will ich davon nur, daſs bei gewissen
Versuchsserien Bakterien auftraten, wenn ich eine groſse Flüssigkeitsmenge mit wenigen Algenzellen impfte, daſs Bakterien aber nicht auftraten, wenn gröſsere Mengen einer solchen Algenkultur in geringere
Mengen desselben Nährsubstrats geimpft wurden. Daſs alle Verhältnisse,
welche gute Bedingungen für die Entwicklung des Chlorophylls bieten,
das Auftreten von Bakterien hinderten, habe ich schon seit Jahren immer
wieder zu beobachten geglaubt. In der Annahme, daſs die Überimpfung
gewisser Stoffwechselprodukte der Algen die Chlorophyllbildung begünstigte, wurden Versuche eingeleitet, die Algenzellen vor der Verimpfung von solchen Stoffen möglichst zu befreien. Dabei bin ich nicht
zum Ziel gekommen. Als ich aber Zusatz von Kupfersulfat machte, das
als ein starkes Algengift bekannt ist, konnte ich wiederholt beobachten,
daſs Bakterien unter Umständen auftraten, die ich nur als Einfluſs des
Kupfersalzes deuten zu können glaubte. Die Kupfersulfatlösungen
wurden bei diesen Versuchen, ebenso wie alle anderen Nährböden und
Zusätze, bei $1^1/_2$ Atm. im Autoklaven sterilisiert, ebenso die Pipetten,
mit denen die Zusätze gemacht wurden. Diese letztere Vorsicht habe
ich beobachtet, seit sich herausgestellt hatte, daſs gewisse Bakteriensporen
selbst durch mehrstündiges Erhitzen der Pipetten im Trockenschrank
auf 180° C sich nicht mit genügender Sicherheit abtöten lieſsen. Die
Versuche mit Kupfersulfat verliefen nicht mit der Regelmäſsigkeit, die
ich anstrebte. Auch alle Versuche mit anderen Metallen und Metallsalzen,
mit Reduktions- und Oxydationsmitteln, führten mich nicht weiter.
Um jene Zeit wollte es mir scheinen, als ob es weit schwieriger wäre,
einen Einfluſs auf junge Algenkulturen zu gewinnen, welche noch keine
farblosen Einlagerungen zeigten. Ich hatte aber noch nicht genügend in
Betracht gezogen, daſs beim Überimpfen der Algen in neues Nährsubstrat,
das kräftige Einsetzen der Chlorophyllentwicklung, die farblosen Einlagerungen alsbald zum Verschwinden bringt und deshalb den Versuch
aussichtslos gestaltet. Immerhin hatte ich aus meinen Versuchen mit
Kupfersulfat doch entnehmen können, daſs diese, ebenso wie die Versuche mit Zusätzen von Alkali und von Ammoniumsulfat, für spätere
Versuche mit in Aussicht zu nehmen seien.

Die Versuche der letzten drei Jahre haben mir zur Evidenz gezeigt,
daſs vor allem der Alkaleszenzgrad des Kulturmediums einen bedeu-
tenden Einfluſs auf die Bakterienbildung gewinnt.

Am günstigsten gestaltet sich die Entwicklung von Algen in Nährböden, welche nicht nur geeignete Nährstoffe in zusagender Konzentration
enthalten, sondern namentlich auch einen Alkaleszenzgrad entsprehend
ungefähr 0,01 % H Cl aufweisen. Das Optimum der Alkaleszenz ist also
etwa ein Viertel derjenigen, die wir unseren üblichen Bakteriennährböden

zu geben pflegen. Impft man wenige Algenzellen in Nährsubstrate, deren Alkaleszenzgrad etwa 0,03 bis 0,04 % H Cl entspricht, so bleibt das Wachstum häufig vollkommen aus. Impft man aber etwa 1 ccm einer grün gewordenen Kultur auf 50 ccm solcher Flüssigkeit, so klumpen sich die Algenzellen in der Regel ringförmig auf dem Boden des Kulturgefäßes zusammen. Unter diesen Umständen können die Häufchen von Algen sich durch Kohlensäureproduktion gegenseitig vor der schädigenden Alkaliwirkung schützen, und wenn man sie unberührt läßt, so gedeihen sie oft im Laufe der Zeit sehr üppig, indem sie allmählich die Alkaleszenz des Nährbodens herabsetzen.

Solche Kulturen ergeben gelegentlich später eine ganz ungewöhnlich große Ernte von Algenzellen, größer als Kulturen, die von Anfang an einen günstigen Alkaleszenzgrad hatten, weil bei diesen die Säureproduktion im Laufe der Zeit der Weiterentwicklung entgegenwirkt. Macht man geringe Alkalizusätze zu solchen Kulturen, so beginnen sie häufig innerhalb weniger Tage sich lebhaft weiter zu vermehren. War der Alkaleszenzgrad von Anfang an sehr hoch, so entwickeln sich farblose Algen. Betrachtet man einen solchen Kolben einige Monate nach der Impfung, so könnte man glauben, eine Bakterienkultur vor sich zu haben. Man sieht einen schmutzig weißen oder gelblichen Bodensatz. Beim Mikroskopieren finden sich aber nur Algenzellen. Abimpfungen ergeben keine Bakterien. Nach Überimpfen auf günstige Nährböden wachsen die Algen und bilden sie Chlorophyll. Nach Überimpfung in stark alkalische Nährböden kommen solche farblosen Algen nicht mehr zur Entwicklung.

Bei dieser Gelegenheit möchte ich mitteilen, daß das Nährsubstrat, in welchem die Algen sich entwickelten, auch insofern einen erheblichen Einfluß auf die Zellen gewinnt, als Algen, die in bestimmten Nährböden sich üppig entwickelt haben, bei Überimpfung auf denselben Nährboden überhaupt nicht mehr wachsen. Zum Beispiel wachsen Algen auf sterilisiertem Roggenbrotbrei bei geeigneter Reaktion des Brotes auffallend üppig. Impft man von diesen üppigen Kulturen aber wiederum auf Brot ab, so bleibt jedes Wachstum aus, obgleich dieselben Algen auf Gelatine ohne Zuckerzusatz wachsen, die für Algen anderer Herkunft einen sehr ungünstigen Nährboden bildet. Alle diese Momente mußte ich natürlich kennen, ehe ich Aussicht hatte, mit meinen Versuchen weiter zu kommen.

Diese Betrachtungen enthalten gewissermaßen auch die Entschuldigung dafür, daß ich trotz vieljähriger, eifrigster Bemühungen, es nicht früher fertig gebracht habe, Vorgänge zu ergründen, die jetzt schließlich so außerordentlich einfach zu liegen scheinen.

Aus meinen Versuchsprotokollen und aus den darin niedergelegten Schlußfolgerungen ersehe ich, daß ich schon vor mehreren Jahren dieselben Experimente mit Erfolg ausgeführt habe, mit denen ich jetzt zum Ziel gekommen bin, bei denen sich damals aber die Erfolge nicht wiederholten, weil ich den Reifezustand bzw. die Art der Vorkultur des Impfmaterials nicht genügend berücksichtigt hatte.

Die mit Alkalizusätzen versehenen Algenkulturen, die ich im Laufe der letzten 4 Jahre angesetzt habe, sind mir nach und nach fast ausnahmslos positiv geworden, d. h. es entwickelten sich in ihnen Bakterien. In den meisten Kulturen traten die Bakterien auf, ohne daß die Kolben seit der Impfung geöffnet worden wären. Der Vorgang leitete sich in

der Regel so ein, daſs die Kulturen gar nicht grün wurden. Die Nährflüssigkeit blieb klar, nur auf dem Boden fanden sich die beschriebenen
gelblichen oder weiſslichen Massen, dann begannen sich die Kulturen
von selbst zu trüben, oder aber sie blieben nach Aufschütteln des Boden-
satzes trübe, während auch chlorophyllfreie, reine Algenkulturen sich immer
wieder klar absetzten. Auch bei den grünen Algenkulturen erweist sich
die Nährlösung in der Regel vollständig klar, nur hin und wieder zeigen
die grünen Algenzellen eine so kräftige Entwicklung, daſs sie aufsteigen
und die ganze Kultur gleichmäſsig grün verfärben. Manchmal waren es
nur eine oder einige aus einer groſsen Serie von anscheinend vollständig
gleichmäſsig angesetzten Kulturen, die sich in der ganzen Höhe der Flüssigkeit grün verfärbten. Hin und wieder habe ich in solchen Kulturen, wo
die chlorophyllhaltigen Zellen sich üppig vermehrten, Bakterien angetroffen.
Diesen Kulturen konnte man das Vorhandensein der Bakterien in keiner
Weise äuſserlich anmerken. Andere Kulturen, die sich mit grüner Farbe
entwickelt hatten, verloren im Laufe von Wochen, Monaten oder Jahren
plötzlich oder allmählich, ohne jeden bekannten, äuſseren Einfluſs ihre
Farbe und erwiesen sich beim Untersuchen bakterienhaltig. Die Gründe
solcher Vorgänge sollen hier noch nicht weiter erörtert werden.

Zum Abschluſs dieses Kapitels möchte ich die Ergebnisse zahlen-
mäſsig anführen, zu denen ich bei den skizzierten Versuchen vom Jahre
1905 bis Ende 1906 gekommen bin.

Während dieser Zeit wurden im ganzen 2360 Kulturen aus der
Algenreinkultur angesetzt. 378 Gefäſse blieben mit den verwendeten
Nährsubstraten gefüllt, ungeimpft bei den Kulturen stehen. Im Laufe
der Zeit sind in 101 von den mit Algen geimpften Kulturen Bakterien
aufgetreten. In 75 anderen Kulturen hat sich Schimmel entwickelt. In
24 Kulturen trat neben den Bakterien auch noch Schimmel auf. Insgesamt
entwickelte sich also Schimmel in 99 Kulturen, 200 Kulturen zeigten
Schimmel oder Bakterien. In einer von den 378 als Kontrollen dienenden,
d. h. mit Algen nicht geimpften Gefäſsen, ist Schimmel aufgetreten, in
zweien Bakterien.

In diese Statistik habe ich alle Versuche hineingerechnet, auch die
aussichtslosesten, wie z. B. diejenigen, wo durch chemische Zusätze die
Algen direkt abgetötet wurden. Würde ich nur diejenigen Algenkulturen
der Rechnung zugrunde legen, bei denen die Algenzellen lebten und
sich entwicklungsfähig zeigten, so würde der Prozentsatz der bakterien-
haltigen erheblich höher ausfallen. Obige Zahlen sollen also zunächst
nur in ganz roher, ungeschminkter Weise das gesamte zahlenmäſsige
Fazit vor Augen führen.

Für meine Beweisführung stellen diese Zahlen auch in anderer Hin-
sicht nur Rohmaterial dar. Sie zeigen zunächst nur, daſs in sehr vielen
Kolben, die mit Algen geimpft worden waren, nachher entwicklungsfähige
Bakterien in den Gläsern gefunden worden sind, während Bakterien in
den Gefäſsen fehlten, die ebenso behandelt und aufbewahrt worden
waren, die ich jedoch mit Algen nicht geimpft hatte.

Diese Befunde legen nun folgende Fragen nahe:

1. waren diese Bakterien schon in der sogenannten Algenreinkultur?
2. hafteten die Bakterien etwa den Gefäſsen an, oder befanden sie
   sich vielleicht von vornherein in dem Nährsubstrat?

3. sind die Bakterien nachträglich aus der Luft, oder sonstwie in die Kulturen gelangt?

Nur in dem Falle, dafs diese drei Fragen mit Sicherheit zu ver-neinen sind, würde sich die Frage ergeben, ob die Bakterien aus den Algen entstanden sein könnten. Dafs es sich um Bakterien handelte, nicht etwa um bakterienähnliche Gebilde, wurde in jedem einzelnen Falle nachgewiesen durch Überimpfung auf Agar, Gelatine oder sonstige Nährböden.

## 1. War die Algenreinkultur zur Zeit der Impfung frei von Bakterien?

Meine Algenreinkulturen habe ich durch das sog. Einzelverfahren gewonnen. Sämtliche verwendeten Algenkulturen sind also als Abkömm-linge einer einzigen Mutterzelle zu betrachten. Mithin ist meine Kultur als eine Algenreinkultur anzusehen, d. h. sicher handelt es sich um eine Art von Algen. Es ist auf diese Tatsache deshalb Wert zu legen, weil sich aus dieser Algenzelle, unter dem Einflufs verschiedener Nährsub-strate, Algen von sehr verschiedener Gröfse und sehr verschiedenem Aussehen entwickelt haben, so dafs man bei Bestimmung derselben nach den üblichen Methoden kaum geneigt sein würde, sie alle zu einer Art zu rechnen (siehe Tafel I.).

Bei jedesmaligem Abimpfen dieser Algenkulturen auf Algennähr-böden wurden gleichzeitig Agar und Gelatine, oft auch andere Bakterien-nährböden geimpft. Niemals entwickelten sich Bakterien. Wie·oft diese Abimpfungen im ganzen erfolgt sind, dafür bieten die oben angeführten Zahlen nur einen ungefähren Anhaltspunkt, denn es wurde dort über die Untersuchungen von nicht ganz zwei Jahren berichtet, während meine Arbeiten mit derselben Algenreinkultur sich schon über mehr als zehn Jahre hinziehen. Sehr häufig habe ich die Algenkulturen mikroskopisch untersucht, aus denen abgeimpft worden war, ohne Bakterien zu finden.

Auf Grund dieser Tatsachen darf ich die Behauptung aufstellen, dafs zu allen oben angeführten Versuchen Algenkulturen verwendet worden sind, die zur Zeit der Abimpfung frei von Bakterien waren.

## 2. Hafteten die Bakterien den Gefäfsen an, oder dem Nährsubstrat?

Wiederholt habe ich schon darauf hingewiesen, dafs ich sämtliche Kulturgefäfse, Nährböden, Pipetten, überhaupt alles, was mit meinen Kulturen in Berührung kommt, seit längerer Zeit, und zwar schon vor Beginn der oben berichteten Versuche, eine Stunde lang im Autoklaven bei 1 1/2 Atm. (etwa 128° C.) behandele.

Ich habe bei diesen Versuchen grundsätzlich davon abgesehen, keimfrei filtriertes Material zu benutzen oder Nährböden anzuwenden, die an drei verschiedenen Tagen in strömendem Dampf behandelt waren, oder Gefäfse bzw. Instrumente zu gebrauchen, die nur im Trockenschrank behandelt waren. Zwar habe ich früher bei solcher Vorbehandlung nur selten entwicklungsfähige Keime in ungeimpften Nährböden und Kon-trollen gefunden. Hier handelt es sich aber um Versuche, die mir, wie schon dargelegt worden ist, nur durchführbar erschienen, wenn man sich mit vollständiger Sicherheit darauf verlassen konnte, dafs die Nährböden und Instrumente in allen Fällen, ausnahmslos frei wären von entwick-lungsfähigen Keimen. Mikroorganismen, welche ein einstündiges Erhitzen im Autoklaven bei 1 1/2 Atm. überlebt hätten, sind mir noch nicht zur

Beobachtung gekommen. Tatsächlich sind denn auch meine Nährböden stets steril geblieben, wenn sie nicht geimpft oder geöffnet wurden. Der einzige, von mir verwendete Nährboden, den man im Autoklaven nicht sterilisieren kann, ist die Nährgelatine. Ich habe aber Algenkulturen, die auf Nährgelatine gewachsen waren, zu den beschriebenen Versuchen grundsätzlich nicht benutzt, sondern die Gelatine ausschliefslich zur Prüfung auf Anwesenheit von Bakterien in den Algenkulturen verwendet. Erst seit Juli 1907 habe ich auch Gelatinealgenkulturen in den Versuch gezogen.

Nach obigem ist die Frage, ob die von mir verwendeten Gefäfse und Nährböden, welche mit den Algen in Berührung kamen, steril gewesen seien, mit Sicherheit zu bejahen.

### 3. Sind die Bakterien aus der Luft oder sonstwie in die Kulturen gelangt?

In der Luft finden sich überall entwicklungsfähige Bakterien, insbesondere Kokken, Sporenbildner, Hefe und namentlich auch Schimmelsporen. Es mufste deshalb bei Versuchen, wie den hier in Frage stehenden, gröfster Wert darauf gelegt werden, die Luftinfektion nach Möglichkeit auszuschliefsen. Ich habe stets darauf gehalten, dafs mein Laboratorium soweit wie möglich staubfrei wäre. Der Linoleumfufsbodenbelag wird regelmäfsig geölt, die Arbeitstische sind mit Lavaplatten bedeckt. Diese wurden vor dem Abimpfen früher mit Sublimat, zurzeit werden sie mit alkoholischer Glyzerinlösung befeuchtet. Beim Abimpfen werden waschbare Röcke getragen, die Türen, Fenster, Kapellen usw. werden vor Beginn des Abimpfens geschlossen.

Um festzustellen, wie weit sich die Luftinfektionsgefahr durch solche Mafsregeln einschränken liefse, habe ich folgende Kontrollversuche durchgeführt:

Am 25. Januar 1906 wurde ein Versuch begonnen, der bis zum 7. Juni 1907 dauerte, also fast 18 Monate lang, und folgendermafsen durchgeführt wurde. 64 Kolben und 22 Reagenzgläser, die beschickt waren mit den am meisten von mir verwendeten Nährböden (verdünnte Zuckerbouillon, Ammoniumsulfatnährboden, Nitritnährboden), wurden in den Versuch genommen. 20 davon erhielten eine Gummikappe. Aus sämtlichen Kolben und Reagenzgläsern wurde eine Öse voll abgeimpft auf Gelatine und Agar. Die Gelatine wurde bei 23°C., der Agar 8 Tage lang bei 37°C. bebrütet, später bei Zimmertemperatur. Die Abimpfungen aus jedem Kolben wurden in einwöchentlichen Zwischenräumen wiederholt und zwar immer wieder auf die dazugehörigen Gelatine- und Agarröhrchen, bis die Nährböden eingetrocknet waren. Erst dann wurden neue Nährböden verwendet. Auf ein und dieselbe Gelatine wurde bis zu acht mal abgeimpft. Insgesamt wurde aus den 86 Kontrollgefäfsen 2428 mal abgeimpft. Hierbei zeigten im ganzen 16 Kontrollen Wachstum und zwar 10 Schimmel und 6 Bakterien. 4 Verunreinigungen mit Schimmel und 1 mit Bakterien entfallen auf die 20 mit Gummikappe versehenen Kontrollen.

Günstiger verlief ein zweiter Versuch, bei dem 46, mit verdünnter Zuckerbouillon beschickte Gefäfse, benutzt wurden. Hiervon waren 22 mit Gummikappe versehen, 24 nicht.

In der Zeit vom 24. August 1906 bis zum 7. Mai 1907 wurde aus 14 der mit Gummikappe versehenen Gefäfse und 16 Gefäfsen ohne

Gummikappe, im ganzen also aus 30 Gefäfsen, in der Regel wöchentlich einmal, auf Gelatine abgeimpft, im ganzen 21 mal und zwar bis zu 8 mal auf ein und dieselbe Gelatine. Bei den mit Gummikappe versehenen Gefäfsen wurden die Kolben nach dem Abimpfen mit frischen, im Dampftopf sterilisierten Gummikappen überzogen.

Die Gesamtzahl der Abimpfungen bei diesem Versuch belief sich auf 630. Beim Abschlufs des Versuches zeigte keines der Gefäfse Wachstum. Die nicht abgeimpften Kontrollen waren während der ganzen Versuchszeit in demselben Schrank aufbewahrt worden.

Der Gedanke liegt nahe, die betreffenden Nährböden hätten event. eine für Bakterien und Schimmelwachstum ungünstige Zusammensetzung gehabt. Um mir über diese Frage Aufklärung zu verschaffen, habe ich drei Monate nach Abschlufs des Versuches alle Kolben geöffnet und etwa 2 Stunden lang im Laboratorium offen stehen lassen. In sämtlichen Gläsern entwickelte sich hierauf ausnahmslos Bakterien- bzw. Schimmelwachstum.

Ein dritter Kontrollversuch wurde am 30. August 1906 begonnen mit 24 Kolben, die mit Brot beschickt waren, also mit einem Nährboden, der für Entwicklung von Luftkeimen, insbesondere Schimmelpilzen, besonders gut geeignet ist. 12 von diesen Kolben wurden mit Gummikappe überzogen, 12 nicht. Bis zum 31. Mai 1907, also während der Dauer von 9 Monaten wurden in Zwischenräumen von etwa einer Woche aus jedem dieser Kolben 21 mal, im ganzen also 504 mal Proben entnommen. Hiernach zeigten zwei mit Gummikappe versehene Kolben Bakterienwachstum, zwei ohne Gummikappe zeigten Schimmelwachstum. Kurz vor Abschlufs des Versuches wurde aus sämtlichen steril erscheinenden Kolben auf Gelatine abgeimpft. Alle geimpften Gelatinen blieben frei von Wachstum.

Ein vierter Versuch wurde am 1. Dezember 1906 begonnen mit 60 Kolben, die mit Ammoniumsulfatnährboden beschickt waren. 36 davon waren mit Gummikappe versehen, 24 nicht. In Zwischenräumen von durchschnittlich einer Woche wurden bis zum 7. Juni 1907, also während der Dauer von 6 Monaten, 24 von diesen Kolben geöffnet; aufserdem wurden von 12 von den mit Gummikappe versehenen Kolben die Gummikappen abgehoben und nach Ablauf von $1/4$ bis $1/2$ Stunde durch eine neue Gummikappe ersetzt, nachdem der Wattebauschen vorher jedesmal abgebrannt worden war. Im ganzen wurde dieses 14 mal wiederholt, 12 andere, mit Gummikappe versehene Kolben, und 12 ohne Gummikappe angesetzte Kontrollen wurden geöffnet und auf Gelatine abgeimpft. Aus jedem Kolben bis zu 7 mal auf ein und dieselbe Gelatine. Nach Ablauf von 6 Monaten, nachdem im ganzen 336 Abimpfungen aus diesen Kolben gemacht worden waren, zeigte keine von ihnen Wachstum.

Am 23. April 1907 wurde ein fünfter Kontrollversuch angesetzt unter Verwendung von 28 Kolben, die mit alkalischer, verdünnter Zuckerbouillon beschickt waren. Bis zum 7. Juni 1907 wurde aus jedem dieser Kolben in Zwischenräumen von etwa einer Woche auf Gelatine abgeimpft, und zwar 7 mal aus jedem Kolben auf dieselbe Gelatine, im ganzen 196 Abimpfungen. Bei Abschlufs des Versuches zeigte einer von den 28 Kolben Schimmelwachstum.

Diese fünf Versuchsserien, welche während der ganzen Zeit und in demselben Laboratorium durchgeführt wurden, wie die noch zu

beschreibenden, entscheidenden Experimente, gestatten ein gutes Urteil
über den Grad der Luftinfektionsgefahr, mit der in meinem Laboratorium
zu rechnen war, über die Arbeitsweise, und über den Erfolg unserer
Bestrebungen, die Luftinfektion durch einfache Maßnahmen auszuschließen.
Im ganzen waren bei den fünf Versuchsserien 244 mit Nährboden beschickte Kontrollgefäße in Benutzung gewesen, und aus diesen war im
ganzen 4094 mal abgeimpft worden. Danach zeigten 13 Kontrollen
Schimmelwachstum und 8 Bakterien. Diese Luftverunreinigungen entfallen fast ausschließlich auf den ersten Versuch (16 von 21). Es war
dieses der erste Versuch, die Abimpfungen durch eine Gehilfin vor-
nehmen zu lassen, nachdem ich sie bis dahin sämtlich persönlich ausgeführt hatte. Beim Vergleich der Kontrollversuche mit den Ergebnissen, zu denen ich mit meinen Algenkulturen gekommen bin, würde
der erste beschriebene Kontrollversuch auszuscheiden haben. Aber
selbst, wenn man ihn mitrechnet, bringt er keine Erklärung für die zahlreichen Bakterienbefunde in den gleichzeitig durchgeführten Versuchen
mit Algen.

Die drei oben aufgeworfenen Fragen sind also sämtlich zu ver-
neinen. Mithin bleibt nur die Möglichkeit, daß die Bakterien aus den
Algen entstanden sind. Ich will aber diese Schlußfolgerung hier noch
nicht endgültig ziehen.

## V. Kapitel

# Experimentelle Beweisführung für die Zugehörigkeit der Bakterien zu Algen.

## A) Versuche mit älteren Kulturen.

Im Frühjahr 1907 kamen mir Befunde zur Beobachtung, die ich als beweisend deuten mußte für die früher schon oft vermutete Tatsache, daß Änderungen im Alkaleszenzgrad einen sehr starken Einfluß auf Algenkulturen gewinnen können, der zum Auftreten von Bakterien führt. Diese Beobachtungen wurden an Algenkulturen gemacht, die schon vor längerer Zeit angesetzt worden waren. Davon, daß sich alte, gereifte Algenkulturen in dieser Beziehung ganz anders verhielten, als kürzlich angesetzte, junge Kulturen in denselben Nährböden, hatte ich mich im Laufe der Jahre immer wieder von neuem überzeugt. Ich verfolgte deshalb die Beobachtungen zunächst ausschließlich an Kulturen älteren Datums. Obgleich die Beobachtungen, die ich im Sinn habe, mikroskopischer Art waren, so will ich hier doch zunächst nur das statistische Material anführen, das sich bei den Versuchen ergab, die im Anschluß daran eingeleitet wurden. Beschreibungen über organischen Zusammenhang von Zellen, die noch nicht allgemein als zusammengehörig gelten, hat man gelernt, sehr skeptisch aufzunehmen, namentlich wenn es sich um so kleine Gebilde handelt, wie die hier in Rede stehenden. Es bleibt mir deshalb nichts anderes übrig, als die statistische Methode in den Vordergrund zu stellen, obgleich diese mir wenig sympathisch ist. Zuerst wurden Kulturen aus dem Jahre 1905 herangezogen, die also zwei Jahre zuvor geimpft worden waren. Hiervon wurden 53 Kulturen in den Versuch genommen, und zwar in der Weise, daß jede Kultur einen Zusatz von sehr verdünnter Natronlauge erhielt (2 pro Mill. NaOH) bzw. sehr verdünnter Salzsäure ($2^1/_2$ pro Mill. HCl). Hiervon bekam jede Kultur zunächst $^1/_2$ bis 2 ccm. Der Zusatz wurde nach einigen Tagen wiederholt, und zwar wurde, je nach den noch zu beschreibenden Befunden, entweder derselbe Zusatz gegeben, oder aber Salzsäure anstatt Natronlauge bzw. umgekehrt. Bei solcher Behandlung ergaben sich bei 33 von den 53 Kulturen Bakterien, bei 6 Kulturen Schimmel, nur 14 Kulturen blieben frei von Bakterien.

Von den Algenkulturen, die im Jahre 1906 angesetzt worden waren, wurden 289 in den Versuch genommen. In 134 hiervon traten Bakterien auf, in 27 Schimmel, 128 blieben frei von Bakterien.

Von den im Jahre 1907 angesetzten Kulturen wurden 142 in den Versuch genommen, 28 ergaben Bakterien, 3 Schimmel, 111 blieben frei von Bakterien.

Im ganzen wurden also 484 Algenreinkulturen in den Versuch gezogen. 195 davon ergaben Bakterien, 36 ergaben Schimmel, 253 blieben frei von Bakterien.

Von diesen 253 negativen, d. h. bakterienfreien Algenkulturen hatten manche ihre normale grüne Farbe verloren, nachdem ihnen Säurezusatz gegeben worden war. Auch das mikroskopische Bild erregte den Verdacht, daſs die Algen abgestorben sein könnten. Die sämtlichen Kulturen wurden deshalb auf einen für Algen günstigen Nährboden abgeimpft (verdünnte Zuckerbouillon und Kartoffelwasser). Nach achtwöchentlicher Beobachtung zeigte sich bei 173 von diesen Algenkulturen kein Wachstum. Dieselben waren mithin tatsächlich abgestorben. Es mag hier noch bemerkt werden, daſs diese 173 Algenkulturen im ganzen 465 mal Zusätze erhalten haben, ohne daſs Bakterien in ihnen auftraten, obgleich gerade dieser Nährboden durch die herabgesetzte Alkaleszenz. für Schimmelwachstum sehr günstig war. Auch nachdem die Kolben wiederholt Alkalizusatz erhalten hatten, blieben sie frei von Bakterien. Es darf als eine nicht unwichtige Kontrolle der übrigen Resultate gelten, daſs Bakterien oder Schimmel nicht auftraten in allen den Fällen, wo die Algen abgestorben waren.

Nur 80 lebende Kulturen sind zurzeit noch frei von Bakterien. Hiervon wurden 2 im Jahre 1905 geimpft, 44 im Jahre 1906, 34 im Jahre 1907. Es entfällt mithin ein relativ sehr hoher Prozentsatz auf die jüngeren Kulturen, die, wie schon hervorgehoben wurde, zur Bakterienbildung sehr viel weniger neigen als ältere Kulturen.

Aus den sämtlichen 484 Kulturen sind Agar und Gelatine, bzw. in manchen Fällen auch noch andere Kulturen angesetzt worden, ehe sie zu diesem Versuch herangezogen wurden. Alle Abimpfungen sind frei von Bakterien geblieben. Regelmäſsig wurde nach gründlichem Durchschütteln der Kulturen $1/4$ bis $1/2$ ccm verimpft, damit selbst einzelne, etwa vorhandene Bakterien, uns nicht entgehen möchten. Nach diesen Prüfungsergebnissen läſst sich behaupten, daſs sämtliche 484 Algenkulturen frei von Bakterien waren, als sie in den Versuch genommen wurden.

Die Zusätze von Alkali und Säure wurden serienweise gemacht. An den einzelnen Versuchstagen wurden sämtliche Kolben, soweit gleiche Zusätze in Betracht kamen, aus ein und derselben Pipette beschickt, die, wie weiter oben schon dargelegt wurde, im Autoklaven sterilisiert worden war. Auf je ein bis zwei Kulturen folgend, wurde eine Kontrolle eingeschaltet, die denselben Zusatz erhielt. Hierzu wurden die Kontrollen aus den Versuchen der Jahre 1905 bis 1907 herangezogen, d. h. die ungeimpften Gefäſse mit denselben Nährböden, in welchen die genannten Algenkulturen angesetzt worden waren.

Betrachten wir nun zunächst die Ergebnisse bei den Algenkulturen gesondert von den Ergebnissen bei den ungeimpften Kontrollen, so ist zu berichten, dafs 231 von den 484 Algenkulturen Bakterien bzw. Schimmelwachstum zeigten, nachdem sie folgende Zusätze erhalten hatten:

| Zahl der Algen-kulturen | Zahl der Zusätze | Gesamtzahl der Zusätze |
|---|---|---|
| 81 | 1 | 81 |
| 75 | 2 | 150 |
| 39 | 3 | 117 |
| 22 | 4 | 88 |
| 10 | 5 | 50 |
| 3 | 6 | 18 |
| 1 | 8 | 8 |
| 231 | | 512 |

Durchschnittlich ist also jeder Kolben etwa zweimal geöffnet worden. Diesen 231 positiven Algenkulturen stehen gegenüber 253 Algenkulturen, in denen Bakterien nicht aufgetreten sind, obgleich sie 1 bis 10 mal geöffnet worden waren, im ganzen rd. 800 mal, also durchschnittlich jeder Kolben etwa 3 mal.

Von den 253 negativen Algenkulturen entfallen

| auf das Jahr | | davon sind abgestorben | noch lebend und negativ |
|---|---|---|---|
| 1905 | 14 | 12 | 2 |
| 1906 | 128 | 84 | 44 |
| 1907 | 111 | 77 | 34 |
| Gesamte Negative | 253 | 173 | 80 |

Nach obigen Ergebnissen scheinen die jüngeren Algenkulturen gegen Säure- und Alkalizusätze weit empfindlicher zu sein, als ältere, denn von den Kulturen von 1907 ist rund die Hälfte abgestorben, von den älteren Kulturen dagegen ein weit geringerer Prozentsatz.

Von oben genannten 800 Zusätzen entfallen rd. 465 auf die 173 Algenkulturen, die als abgestorben gebucht werden mufsten, 335 auf die noch im Versuch befindlichen 80 lebenden Algenkulturen, in denen bislang Bakterien nicht aufgetreten sind. Die letztgenannten Kulturen haben durchschnittlich etwa 4 mal Zusätze erhalten.

Für den nunmehr anzustellenden Vergleich mit den Kontrollen kommen nur die Zusätze in Betracht, welche diejenigen Algenkulturen erhielten, bei denen Bakterien aufgetreten sind, also 231 Kolben mit 512 Zusätzen.

Die Kontrollen hatten wie gesagt während der ganzen Zeit neben den Kulturen in den Schränken gestanden. Sie sind also etwaigen Verunreinigungen ebenso ausgesetzt gewesen, wie die Kulturen selbst. Auch beim Abimpfen und bei der Verabreichung von Zusätzen mufsten alle Versuchsfehler bei ihnen ebenso in Erscheinung treten, wie bei den Kulturen selbst. Die Versuchsanordnung wurde bei den Kontrollen insofern noch schärfer gehandhabt, als bei den Kulturen, weil die Algenkulturen aus dem Versuch ausschieden, sobald Bakterien sich in ihnen zeigten. Die Kontrollen aber blieben im Versuch und erhielten weitere

Zusätze. Deshalb stehen den 484 Kulturgefäſsen nur 221 Kontrollgefäſse
gegenüber.

Von diesen haben erhalten:

| Zahl der Kontrollgefäſse | Zahl der Zusätze | Gesamtzahl der Zusätze |
|:---:|:---:|:---:|
| 101 | 1 | 101 |
| 38 | 2 | 76 |
| 36 | 3 | 108 |
| 28 | 4 | 112 |
| 11 | 5 | 55 |
| 4 | 6 | 24 |
| 3 | 7 | 21 |
| 221 | | 497 |

Die ungeimpften Kontrollen sind also 497 mal geöffnet und mit
Zusätzen versehen worden. Dabei hat sich im ganzen bei 15 ungeimpften
Kontrollen Wachstum gezeigt und zwar in 7 Kolben Bakterien, davon
in 5 nur Bakterien, in 2 Bakterien und Schimmel, in 8 anderen nur
Schimmel.

Zu diesen verunreinigten Kontrollen ist zu bemerken, daſs es sich
zufälligerweise hauptsächlich gerade um solche Kontrollen handelt, die
nicht häufiger geöffnet worden waren, sondern 10 einmal, 2 zweimal,
2 dreimal und nur 1 siebenmal. Nicht weniger als acht davon zeigten
sich verunreinigt, nachdem ich versuchsweise eine, in solchen Arbeiten
noch wenig geübte Dame die Zusätze hatte machen lassen, um festzustellen,
wie weit die Ergebnisse dadurch beeinfluſst werden könnten. Ich hätte
die von ihr ausgeführten Versuche deshalb wohl aus der Liste streichen
dürfen, habe aber grundsätzlich vorgezogen, das ungekürzte Gesamtbild
zu entwerfen. Auf die Ergebnisse bei den Algenkulturen haben übrigens
die Arbeiten dieser Gehilfin keinen Einfluſs gewinnen können, weil sie
nur wenige von diesen in Händen gehabt hat. Ein Urteil über die
Arbeiten der anderen beiden Damen, welche mir geholfen haben, gestatten die vorhin beschriebenen und die im nächsten Kapitel noch
zu erörternden Kontrollversuche.

Die oben beschriebenen Versuche sind zum Teil ohne Anwendung
der noch zu beschreibenden Impfapparate gemacht worden.

Wende ich die Kriterien, die im vorigen Kapitel erörtert wurden,
auf obige Ziffern an, so komme ich zu dem Schluſs, daſs erstens die
Algenkulturen vor Beginn dieses Versuches frei waren von Bakterien,
daſs zweitens die Nährboden und verwendeten Zusätze frei waren von
Bakterien und daſs drittens die Versuche unter äuſseren Umständen ausgeführt wurden, welche die Gefahr einer Luftverunreinigung so weit einschränken, daſs das sehr häufige Auftreten der Bakterien in den Algenkolben durch sie seine Erklärung nicht findet.

Schon ohne weitere Erörterung der mikroskopischen Befunde, welche
diese Versuche ergaben, sprechen die mitgeteilten, rein zahlenmäſsigen
Ergebnisse dafür, daſs die gefundenen Mikroorganismen aus den Algen
entstanden sein müssen. Die Zahl der Fälle, wo ich im Laufe der
Jahre 1905 bis 1907 Bakterien und Schimmel in sicheren Algenrein-

kulturen nachweisen konnte, steigt durch Hinzukommen dieses Versuches auf:

1. 296 Algenkulturen mit Bakterien,
2. 111      »            »   Schimmel,
3. 24       »            »   Bakterien und Schimmel.

Diesen 431 positiven Algenkulturen stehen im ganzen gegenüber 18 Kontrollen, in denen Bakterien und Schimmel auftraten, davon in 7 nur Bakterien, in 2 Bakterien und Schimmel, in 9 nur Schimmel. Bei dieser Zählung sind die vorhin beschriebenen besonderen Kontrollserien nicht hinzugerechnet, weil sie aufser direktem Zusammenhang mit dem Versuche stehen.

Auf eine Besprechung der Bakterienarten, die in den Algenkulturen nachgewiesen werden konnten, soll erst weiter unten eingegangen werden. Zuvor möchte ich die Frage erörtern, auf welche Erfolge man beim Nachprüfen dieser Versuche zu rechnen haben dürfte.

## B) Versuche mit jüngeren Kulturen.

Aus den bisher mitgeteilten Befunden läfst sich entnehmen, dafs Algenreinkulturen, welche in günstigen Algennährböden verimpft werden, zur Chlorophyllbildung und zur Vermehrung durch Zellteilung neigen, wie sie auf Taf. I Fig. O abgebildet ist. Bei Abimpfung weniger Tropfen einer Algenkultur pflegt es mehrere Wochen zu dauern, bis ein deutlich grünes Wachstum sich in den jungen Kulturen zeigt. Bis dahin bleiben die Kulturen vollständig klar und farblos. Impft man eine gröfsere Menge, z. B. 1 ccm einer grünen Kultur auf neue Nährböden, so bilden die verimpften Algenzellen von vornherein einen sichtbaren, grünen Bodensatz, der im Kolben in der Regel als zarter, ringförmiger Streifen angeordnet ist. Solche Kulturen wachsen oft schon innerhalb einer Woche merklich. Mikroskopisch läfst sich in ihnen eine lebhafte Vermehrung der Algenzellen durch Zellteilung beobachten. Im Laufe einiger Monate hört diese Vermehrung der Algenzellen auf, und die Kulturen erscheinen dann oft selbst nach jahrelangem Stehen äufserlich unverändert. Bei mikroskopischer Untersuchung vermifst man dann Bilder, welche auf Zellteilung hindeuten. Stumpft man durch Zusatz von Alkali die durch das Algenwachstum gebildete Säure in den Kulturen ab, so wächst die grüne Kulturmasse oft schon innerhalb einiger Tage deutlich. Das mikroskopische Bild läfst lebhafte Zellenvermehrung erkennen. Wiederholt man den Alkalizusatz, so steigert sich dieser Vegetationsprozefs in solchem Mafse, dafs das Algenwachstum sich nicht mehr nur auf dem Boden abspielt, sondern die ganze Kulturflüssigkeit durchsetzt und diffus grün verfärbt.

In solchen Algenkulturen habe ich nur sehr selten Bakterien nachweisen können. Die Literatur enthält Behauptungen, dahingehend, dafs das Bakterienwachstum generell durch Algenwachstum geschädigt oder ganz gehindert würde. Ich habe schon darauf hingewiesen, dafs allerdings die Entstehung von Bakterien in den Algen auszubleiben pflegte, unter Bedingungen, die der Entwicklung chlorophyllhaltiger Zellen günstig waren. Niemals aber habe ich beobachten können, dafs Bakterien, welche ich in üppig entwickelte Algenkulturen hineinimpfte, dort abgestorben bzw. verschwunden wären. Meistens vermehrten sie sich darin lebhaft. Solche

Versuche habe ich mit Vibrionen verschiedenster Art, mit Typhusbakterien und Sporenbildnern, Hefen und Schimmeln durchgeführt.

Das eben beschriebene Verhalten junger chlorophyllreicher Algen-zellen darf also nicht als der Ausdruck allgemeiner bakterienwidriger Eigenschaften gedeutet werden, sondern es sind Vorgänge spezifischer Art, auf die ich bei anderer Gelegenheit noch zurückkommen werde. Hier möchte ich nur die Schlußfolgerung aus dem Gesagten ziehen, daß bei Verwendung junger, üppig wachsender Algenkulturen die Aus-sicht auf Gewinnung von Bakterien, allgemein gesprochen, geringer, bzw. das Experiment noch schwieriger zu beherrschen ist, als bei Verwendung älterer Kulturen.

Sobald man aus Algenkulturen abimpft, sei es in flüssige, sei es in feste Nährböden, hat man es nicht mehr mit alten, sondern mit jungen Kulturen zu tun.

Von Gelatinealgenkulturen habe ich Abimpfungen auf flüssige Algen-nährböden in der Weise gemacht, daß ich Bröckchen der grün gefärbten Gelatine in die Kulturflüssigkeit warf. Die Wirkung dieses Vorgehens darf nicht vollständig in Parallele gestellt werden mit der Verimpfung flüssiger Algenkulturen. Die verimpften Algen bleiben zum größten Teil an der Gelatine, also an dem Nährboden haften, an den sie sich gewöhnt hatten, und sie wachsen dort weiter. Diejenigen Zellen, welche von der Gelatine abgespült werden, gelangen in einen Nährboden, der ihnen an-fänglich in der Regel weniger zusagt und sie reagieren darauf, je nach der Art ihrer Vorentwicklung und nach der Art des Nährsubstrates ver-schieden. Unter Umständen treten in solchen Kulturen schon bald Bak-terien auf, deren Entwicklung vorbereitet wird durch Veränderungen in der Alge, wie sie im nächsten Kapitel beschrieben werden sollen. In der Regel aber beginnt bald eine lebhafte Zellteilung und es entwickeln sich üppige grüne Algenkulturen. In diesen vermag man, wie meine mitgeteilten Statistiken zeigen, gelegentlich Bakterienbildung durch Ver-änderungen des Alkaleszenzgrades einzuleiten, in der Regel aber reagieren diese jungen Kulturen auf jeden Alkaleszenzzusatz mit lebhafter Ver-mehrung der Zellen, welche homogen sind, oder gekörntes Chlorophyll aufweisen, und schon nach dem mikroskopischen Bilde Bakterienbildung nicht erwarten lassen.

Bei solchen Kulturen habe ich zurückgegriffen auf die weiter oben schon mehrfach erwähnte Beobachtung, wonach ein gewisser Gegensatz zwischen der Chlorophyllentwicklung und der Entwicklung farbloser Produkte in den Algen zu bestehen schien, und ich habe Versuche aus-geführt, die Bildung farbloser Einschlüsse zu erreichen durch Zusätze, welche dem Chlorophyllwachstum schädlich sind. Nachdem sich gezeigt hatte, daß Alkalizusätze das Wachstum chlorophyllhaltiger Algen sehr begünstigte, lag der Gedanke nahe, durch Zusätze von Säure dieses Wachstum zu hemmen. In der Tat habe ich bei älteren Kulturen, ins-besondere bei Ammoniumsulfatkulturen, die bei längerem Stehen nicht grün blieben, sondern eine schmutziggraue Verfärbung zeigten, und auf Zusatz geringer Alkalimengen lebhaftes Wachstum frischer, leuchtend grüner Algen ergaben, diesen Gang der Dinge durch anfängliche Zu-sätze geringer Mengen von Säure verhindern und darauf durch Alkali-zusätze das Auftreten von Bakterien anregen können. Ganz regelmäßig sind diese Befunde nicht verlaufen, wohl aber zeigte sich immer wieder deutlich, dafs Kulturen, denen die Nährstoffe für Algenentwicklung fehlten, die z. B. in destilliertes Wasser verimpft worden waren, unter Umständen schon auf den ersten geringen Zusatz von Alkali mit der Entwicklung von Bakterien reagierten. Ein Versuch, alte gereifte Algenzellen aus ihren Nährböden in destilliertes Wasser zu bringen und damit ähnliche Resultate zu erzielen, ist in der Regel negativ verlaufen. Das mufste ich auf Grund meiner Gesamteindrücke über die Empfindlichkeit, mit der Algenzellen auf jedwede Änderungen ihrer Umgebung reagieren, von vornherein schon annehmen. Will man mit Wasserkulturen zum Ziel kommen, so mufs man Algen in Wasser impfen und sie dort ausreifen lassen.

Ich habe auf zwei Feststellungen zurückgegriffen, die weiter oben schon besprochen wurden, nämlich auf die Tatsache, dafs man durch Zusatz von Ammoniumsulfatnährboden, auch bei jungen Algen, die Bildung reichlicher, ungefärbter Einschlüsse zu erzielen vermag und darauf, dafs man die Zellteilung der Algen durch sehr geringe Kupferzusätze sistieren kann. Günstig wirkt hierbei die Tatsache, dafs das Wachstum chlorophyllfreien Protoplasmas durch Kupferzusätze nicht geschädigt wird, die genügen, die normale Zellteilung zu sistieren. Im Gegenteil fand ich bei Kulturen, die nur homogene, chlorophyllhaltige Algenzellen aufwiesen, wiederholt, schon kurze Zeit nach Zuzatz des Kupfersulfats, sehr zahlreiche Algenzellen mit farblosen Einschlüssen. Vor zwei Jahren habe ich hierauf hinauszielende Versuche aus dem Grunde wieder aufgegeben, weil es sehr schwer ist, die Kupfermenge, welche die gewünschten Veränderungen einleitet, von vornherein richtig abzuschätzen. Setzt man eine zu geringe Kupfermenge zu, so vermehren sich die Algen, und nachdem die Zellteilung in der kupferhaltigen Nährlösung begonnen hat, kann man wiederholt erheblich gröfsere Mengen von Kupferzusatz machen, ohne dafs die Zellteilung irgendwie gehemmt wird, ja, ich hatte häufig den Eindruck, dafs der Kupferzusatz dieses später nur begünstigte. Andere Algenreinkulturen, die man von vornherein für ebenso vorbereitet hielt, starben bei denselben Zusatzmengen von Kupfer ab.

Neuerdings habe ich eine dritte Beobachtung mit in das Experiment gezogen, nämlich die schon eingehend erörterte Wirkung von alkalischen Zusätzen, und dabei bin ich zu dem Resultat gekommen, dafs ein gleichzeitiger Zusatz von Alkali und Kupfer mitunter zum Auftreten von Bakterien auch bei jungen Kulturen schon innerhalb kurzer Zeit führte, wo die Zusätze einzeln das nicht bewirkten. Nach obigem wird es sich empfehlen, junge Algenkulturen, die man erhält, wenn man Gelatinekulturen in günstige Algennährböden abimpft, mit Zusätzen von Ammoniumnährboden zu versehen, um die Entwicklung farblosen Protoplasmas anzuregen, und ihnen dann zu geeigneten Zeitpunkten Zusätze von Kupfersulfat und Alkali zu geben.

Zur näheren Erläuterung, wie ich mir die Ausführung dieses Vorschlages denke, mag die folgende Beschreibung einschlägiger, von mir ausgeführter Versuche dienen.

### Versuchsanordnung.

1. Apparat für Überpipettieren der Kulturen und für Verabreichung von Zusätzen (Fig. 1 und 2).

Der Apparat (Fig. 1), unter dem ich zurzeit alle hierher gehörigen Impfungen und Manipulationen vornehme, besteht aus einem Glasring und einem darüber gestülpten Trichter. Der Glasring ist etwa 20 cm hoch, hat einen Durchmesser von etwa 25 cm und einen seitlichen etwa 10 cm weiten Ausschnitt. Er wird auf den Versuchstisch gesetzt, nachdem dieser vorher ganz abgeräumt und mit einer Alkoholglyzerinlösung (25% Glyzerin) bestrichen worden ist. Auch die Flächen des Glasrings werden mit dieser Lösung bestrichen. Ein 4 cm breites, vorher mit 2 promill. Sublimatlösung getränktes Leinenband wird um die Ränder des Ringes gelegt. Auf den Ring wird der, ebenfalls mit der alkoholischen Glyzerinlösung bestrichene, und am Abflußrohr mit einem sterilen Wattebausch verschlossene Trichter gesetzt.

Will man Alkali- oder andere Zusätze machen, so nimmt man eine Pipette, deren Mundstück mit Wattebauschen versehen ist, die in einem, an beiden Enden mit Watte verschlossenen Glasrohr im Autoklaven bei $1\frac{1}{2}$ Atm. sterilisiert und dann im Heißluftschrank

Fig. 1.

bei 160° C. nachgetrocknet wurde. Nach Abbrennen und Entfernen des unteren Wattebausches aus der Hülse, wird diese über den Rand des Trichters gebracht, und die Pipette an einem mitsterilisierten Bindfaden 16 cm in den Trichter hinuntergelassen. Darauf wird der Zwischenraum zwischen Pipette und Trichterrand mit sterilisierter Watte ausgefüllt, die Hülse hochgezogen und die Pipette an einem Stativ befestigt (Fig. 2). Über das Mundstück der Pipette wird der mit Glyzerinlösung bestrichene Gummischlauch gezogen, der mit Quetschhahn versehen und durch einen Dreiweghahn mit einem Saug- und Druckball verbunden ist. In die Pipette kann aus diesem die Luft nur gelangen, nach Filtration durch den erwähnten, sterilisierten Wattebausch. Der Wattebausch des mit Natronlauge gefüllten, bei $1\frac{1}{2}$ Atm. sterilisierten Kolbens wird abgebrannt, mittels steriler Pinzette 1 cm in den Kolbenhals hineingestoßen, darauf der Rand abgeleuchtet, und der Kolben in den Trichterapparat gebracht. Der Wattebausch wird erst unter dem Trichter mittels steriler Pinzette entfernt und bleibt während der Operation unter dem Trichter (siehe Fig. 2). Der geöffnete Kolben wird unter die Pipette gehalten. Darauf wird die Flüssigkeit mittels des Saugballes in der Pipette hochgezogen. Durch Schließen des federnden Quetschhahnes wird sie in der Pipette festgehalten.

Bei den Algenkolben wird nunmehr ebenso, wie vorher bei dem Alkalikolben verfahren. Der Wattebausch wird gründlich abgebrannt, in den Kolbenhals gestofsen, der Kolbenrand abgeleuchtet, und der Kolben zwecks Verabreichung des Zusatzes unter den Trichterapparat gebracht. Die Abmessung des Zusatzes läfst sich mittels des Quetschhahnes genau tropfen- oder kubikzentimeterweise bewerkstelligen.

Seit einer Reihe von Jahren züchte ich meine Algen in Kolben aus böhmischem Glas, deren 8 cm langer Hals 2 cm weit ist, also die

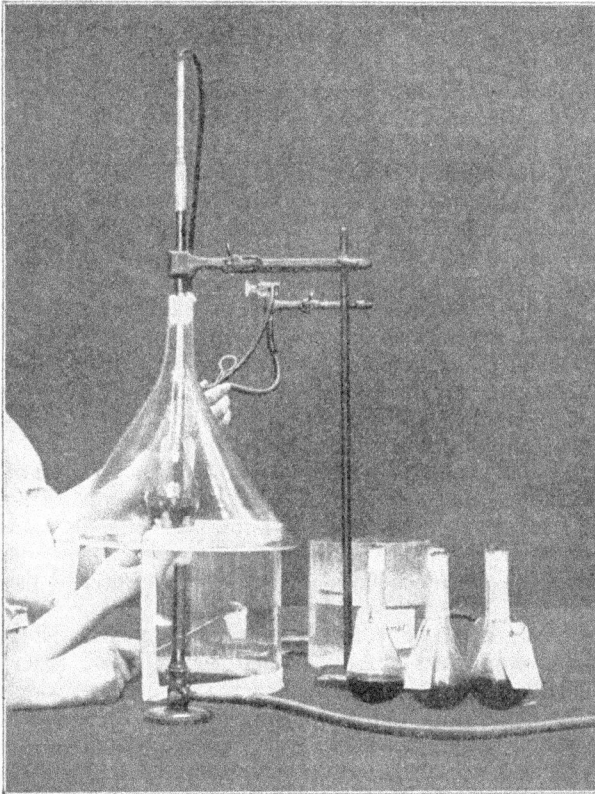

Fig. 2.

Weite eines mittleren Reagenzglases hat. Der Bauch des Kolbens hat 7 cm Durchmesser, der ganze Kolben ist 16 cm hoch (Fig. 2). Sein Fassungsraum beträgt 100 ccm. Diese Kolben habe ich hauptsächlich verwendet, um die Luftinfektionsgefahr, die bei weithalsigen Kolben weit gröfser ist, als bei Reagenzgläsern, auf dasselbe Mafs, wie bei letzteren, einzuschränken.

Die Bezeichnung des Kolbens geschieht auf Anhängeetiketten, die um den Hals des Kolbens gebunden werden. Während des oft jahrelangen Aufbewahrens der Kulturen in den Schränken setzen sich zahlreiche Mikroorganismen aller Art auf diese Anhängeetiketten, und bei jeder Bewegung des elastischen Kartons können solche Mikroorganismen in die Höhe geschleudert werden. Dann ist die Gefahr der Luftinfektion unter dem beschriebenen Trichterapparat viel größer, als im freien Raum. Besonders ausgesprochen zeigt sich das bei Abimpfung von Schimmelkulturen. Die Schimmelsporen sind so leicht, daß schon das Herausziehen des Wattebausches genügt, um sie aus den Kolben herauszureißen, in der Luft zu verteilen und somit die Reinheit jedes, später folgenden Kolbens zu gefährden. Diejenigen Sporen, welche auf die mit Glyzerin befeuchteten Flächen fallen, werden dort zwar festgehalten. Man kann aber nicht darauf rechnen, daß die Mikroorganismen sämtlich bis an die Wandung des Apparates gelangen.

Um solche Gefahren auszuschließen, habe ich mich entschlossen, Kulturen, welche Schimmel enthielten, unter den Apparat überhaupt nicht zu bringen. Um die Anhängeetiketten unnötig zu machen, habe ich die Kolben versuchsweise mit matten Flächen versehen lassen, auf welche man schreiben konnte. Das ist kostspielig, und außerdem hat sich gezeigt, daß so präparierte Kolben beim Erwärmen des Randes leichter springen, als andere. Ich bin deshalb schließlich dazu übergegangen, die Kulturgefäße, welche geöffnet werden sollen, kurz vorher bis nahe an den Rand in eine 2 pro Mille Sublimatlösung zu tauchen. Das Anhängeetikett und der Bindfaden werden vollständig untergetaucht und in noch feuchtem Zustande unter den Apparat gebracht. Die außen anhaftenden Mikroorganismen sollten, soweit sie das Sublimat nicht tötet, durch die Feuchtigkeit festgehalten werden. Der nicht untergetauchte Teil des Kolbens wird inkl. des Wattebausches mit einer Gasflamme gründlich abgeleuchtet. Der Erfolg dieser Maßnahmen läßt sich aus folgenden Kontrollversuchen ersehen.

Vor Beginn eines Versuches wurden Kolben mit Nährflüssigkeit, sogenannte Luftkontrollen, in dem Trichter und außerhalb des Trichters aufgestellt. Der Wattebausch wurde entfernt. Während der ganzen Dauer einer Versuchsserie, d. h. 5—20 Minuten, blieben die Kolben offen stehen. Darauf wurden sie mit frischen, sterilisierten Wattebauschen verschlossen und bebrütet.

Bei 8 derartigen Kontrollversuchen wurden im ganzen 19 Kolben außerhalb des Trichterapparates aufgestellt und 40 innerhalb. Der kürzeste Versuch dauerte 5 Minuten, der längste 20 Minuten. Während dieser Zeit wurden 15 bis 60 Kulturgefäße unter dem Trichterapparat geöffnet. Von den innerhalb des Trichters offen aufgestellten 40 Kulturgefässen zeigten 10 später Bakterienwachstum, 30 blieben dauernd frei. Von den außerhalb des Trichters offen aufgestellten 19 Kolben zeigten 9 Bakterien, einer Schimmel. Nach Einführung des Sublimatbades wurden bislang 12 Versuche ausgeführt, bei denen 44 Kontrollen innerhalb des Trichters, 27 außerhalb des Trichters aufgestellt worden waren. Die Dauer des Versuches betrug wiederum 5 bis 20 Minuten und während dieser Zeit wurden wiederum jedesmal 15 bis 60 Algenkulturen unter dem Apparat geöffnet. Von den 44 innerhalb des Apparates aufgestellten Luftkontrollen zeigten 5 Bakterienwachstum, von den 27 außerhalb des Trichters aufgestellten zeigten 14 Bakterienwachstum.

Zu bemerken ist noch, daß bei 8 von diesen Versuchen, sämtliche innerhalb des Apparates aufgestellten Luftkontrollen von Bakterien ganz frei blieben. Bei zweien dieser Versuche war sogar zwischendurch die Pipette entfernt und durch eine neue ersetzt worden. Während dieser

Operation blieben die Luftkontrollen innerhalb des Trichters offen, weil wir feststellen wollten, welche Luftverunreinigungsgefahr der Pipettenwechsel mit sich brächte. In beiden Fällen blieben sämtliche, unter dem Trichterapparat aufgestellte Luftkontrollen frei von Bakterien.

Alle Luftkontrollen wurden 8 Tage lang bei 30⁰ C., darauf bei Zimmertemperatur bebrütet und blieben mindestens 4 Wochen in Beobachtung.

Die Algenkulturen blieben in der Regel nicht länger als 2 Sekunden geöffnet, die Luftkontrollen durchschnittlich etwa 12 Minuten, d. h. etwa 360 mal so lange.

Auf je etwa 9 der unter dem Trichter aufgestellten Luftkontrollgefäße entfiel eine Luftinfektion. Mithin wäre bei je etwa 3000 Zusätzen oder Abimpfungen einmal auf eine Luftinfektion zu rechnen.

2. Apparat für Abimpfungen aus den Algenkulturen.

Fig. 3 veranschaulicht den Apparat, welchen ich benutzte, um Abimpfungen aus Algenkulturen vorzunehmen. Ein Glastrichter, in den, einander gegenüberstehend, zwei

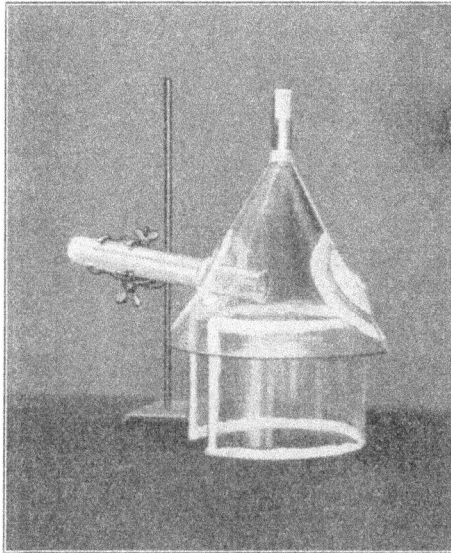

Fig. 3.

runde Löcher von 9 cm Durchmesser geschnitten sind, wird nach Bestreichen mit Glyzerinlösung und Verschluß des Abflußrohrs mittels sterilen Wattebausches, auf den weiter oben beschriebenen Glasring gesetzt, dessen seitliche Öffnung bei Verwendung zu Abimpfungen nicht nach rechts, sondern nach links gerichtet ist. Über die Ausschnitte in dem Trichter werden Leinwandstückchen gespannt, die mit Sublimat angefeuchtet sind und mittels eines Blechreifens festgehalten werden. Auf der linken Seite werden durch die Leinwand, die in einem weiten Reagenzglase untergebrachten, an dem Mundstück mit Wattebausch verstopften und im Autoklaven bei 1¹/₂ Atm. sterilisierten Pipetten gesteckt. Die Leinwand auf der rechten Seite hat nur eine 2 cm große Öffnung. Durch sie wird mit einer langen, abgeglühten Pinzette, der vorher abgebrannte Wattebausch des Pipettenrohres entfernt. Darauf wird mit derselben Pinzette die Pipette aus dem Glasrohr durch die kleine Öffnung des rechten Leinwandstückchens etwa 7 cm weit herausgezogen. Nunmehr wird der abzuimpfende Kolben nach Sublimatbad und den übrigen, vorhin beschriebenen Vorbereitungen, von der linken Seite her unter den Trichter gebracht, ebenso die Gefäße, in welche abpipettiert werden soll z. B. Gelatine- und Agarröhrchen, bei denen ebenfalls der Wattebausch abgebrannt, zurückgestoßen und der Reagenzglasrand abgebrannt wurde, worauf die Entfernung des Wattebausches mittels Pinzette unter dem Trichterapparat erfolgt.

Man gewöhnt sich an die beschriebene Arbeitsweise so sehr, dafs der Abimpfungsprozefs kaum länger dauert, als bei Anwendung der allgemein üblichen Methoden.

Zum Abimpfen der auf Gelatine, Agar oder Kartoffel gewachsenen Algenreinkulturen benutzte ich einen etwa 9 cm langen, 0,75 mm starken Platiniridiumstab, dessen Spitze zu einem 3 mm breiten Spatel ausgeschlagen und der in einem etwa 20 cm langen Glasstab eingeschmolzen ist. Dieser kleine Platinspatel wird sofort nach Abglühen von der rechten Seite her durch die Öffnung des Leinwandläppchens in den Trichter eingeführt. Gleichzeitig wird, nach Abbrennen und Zurückstofsen des Wattebausches, die Gelatinealgenkultur von links her durch die Öffnung des Glasringes unter den Trichter gebracht. Man sticht ein Bröckchen der Gelatinekultur aus und wirft es in ein Reagenzglas oder einen Kolben mit Nährflüssigkeit, die auf demselben Wege unter den Apparat gebracht werden, wie zuvor die Gelatinekultur. Zur Sicherheit wird man gleichzeitig mehrere Kulturen ansetzen. Es empfiehlt sich aber nicht, aus der Originalkultur zu zahlreiche Abimpfungen vorzunehmen, sondern es ist weit einfacher, die Algenkultur zunächst in einen flüssigen Nährboden zur Entwicklung kommen zu lassen. Nachdem der Nährboden sich durch Algenwachstum grün verfärbt hat, wird die Kultur unter den zuerst beschriebenen Apparat gebracht, in der Pipette aufgesogen und sie kann dann innerhalb kürzester Zeit auf beliebig zahlreiche Kulturgefässe verimpft werden.

Man kann auch die Gelatinekulturen bei 30⁰ C. verflüssigen und dann bequem, wie eine flüfsige Kultur, mittels Pipette verimpfen. Nur mufs die Erwärmung der Gelatine sehr vorsichtig geschehen, weil junge Algen bei 37⁰ C. schon innerhalb weniger Stunden abstarben.

Die Bebrütung der Kulturen erfolgt am besten bei Zimmertemperatur in diffusem Tageslicht, z. B. in einem Glasschrank.

Als Kulturflüfsigkeiten empfehle ich:

### 1. verdünnte Zuckerbouillon.

> 1 l dest. Wasser
> 1 g Fleischextrakt
> 1 g Pepton
> 1 g Traubenzucker
> 0,5 g Chlornatrium.

Die Lösung wird erst durch ein Papierfilter, dann durch ein grobes Kieselguhrfilter geschickt, zu je 50 ccm in Kolben, bzw. zu je 10 ccm in Reagenzgläser gefüllt und eine Stunde bei 1¹/₂ Atm. Überdruck im Autoklaven sterilisiert.

### 2. Ammoniumsulfatnährboden.

> 1 l dest. Wasser
> 10 g Pepton
> 2 g Ammoniumsulfat
> 10 g Rohrzucker.

Filtrieren und Sterilisieren wie bei 1.

### 3. Kartoffelwasser.

In je 50 ccm dest. Wasser in Kolben, bzw. 10 ccm in Reagenzgläsern wird ein etwa 1 ccm grofses Kartoffelstück geworfen. Die Kolben bzw. Reagenzgläser werden dann eine Stunde bei $1^1/_2$ Atm. im Autoklaven sterilisiert. ;

### 4. Kartoffelzuckerwasser.

Eine Kartoffel wird sauber gewaschen, gebürstet, geschält, zerschnitten, mit 1 l dest. Wasser pro etwa 20 g Kartoffel, eine Stunde im Dampftopf ausgelaugt. Nach Zusatz von 1 g Traubenzucker pro Liter wird filtriert und sterilisiert, wie unter 1.

Die weitere Behandlung der Kulturen erläutere ich am besten an der Hand einiger Versuche, die ich kürzlich ausgeführt habe.

Versuch 116 F. Am 9. Juli 1907 wurde aus einer 8 Monate alten, in Ammoniumsulfatnährboden gezüchteten Algenreinkultur 1 ccm in 50 ccm sterilisiertes, destilliertes Wasser überpipettiert. Etwa 2 Wochen später (am 22. Juli 1907) wurden die Algen in dieser Wasserkultur durch kräftiges Schütteln gleichmäfsig verteilt. Darauf wurden mittels einer 20 ccm Pipette unter dem Trichterapparat je 2 ccm überpipettiert in 10 leere sterile Reagenzgläser. Der Rest des Pipetteninhaltes wurde abgeimpft auf zwei Gläschen Zuckeragar, von denen eines bei 23°C., das andere bei 37°C. bebrütet wurde. Beide blieben frei von Bakterien, die Algenkultur hatte also keine Bakterien enthalten, die auf diesen Nährböden wuchsen.

4 von den Reagenzgläsern erhielten am 22. Juli 1907 je $^1/_{16}$, $^3/_{16}$, $^6/_{16}$ und $^{10}/_{16}$ ccm. 2 pro Mill. Natronlauge, 4 andere erhielten je $^1/_{16}$, $^3/_{16}$, $^6/_{16}$ und $^{10}/_{16}$ $^1/_4$ proz. HCl. 2 Reagenzgläser blieben ohne Zusatz. Die verwendete Natronlauge und Salzsäure wurden auf Zuckeragar verimpft und ergaben kein Bakterienwachstum, aufserdem auf ungeimpfte Kontrollen, die ebenfalls frei von Bakterien blieben.

Am 12. August 1907, also 3 Wochen später, enthielten alle 4 Reagenzgläser, welchen Natronzusatz gegeben war, Kokken. In allen 4 Gläsern fanden sich zahlreiche Algen mit farblosen Körnern, die in Gröfse und Aussehen diesen Kokken glichen.

Die beiden Gläschen, welche keinen Alkalizusatz erhalten hatten, blieben frei von Bakterien, ebenso diejenigen, welche Salzsäurezusatz erhalten hatten.

3 Tage später erhielten die bakterienfreien Gläschen je $^3/_{14}$ ccm Alkalizusatz. 7 Tage darauf fanden sich Bakterien in den beiden Gläschen, die vorher keinen Zusatz gehabt hatten. Die mit Säure behandelten Gläschen blieben frei von Bakterien. In ihnen war also durch den Säurezusatz die Neigung zur Bakterienbildung aufgehoben worden. Abgetötet waren aber die Algen in diesen Gläschen nicht.

In diesem Versuche hatten gereifte Algen, die zahlreiche, farblose, körnige Einschlüsse enthielten, nachdem sie sich längere Zeit in einem Substrat aufgehalten haben, das Nährstoffe nicht enthielt, auf Zusatz von Alkali innerhalb 1—3 Wochen mit Bakterienbildung reagiert. Die geringste Herabsetzung des Alkaleszenzgrades hatte die Neigung zur Bakterienbildung dauernd aufgehoben, obgleich die Gläschen mit den geringeren Salzsäurezusätzen auch nach diesen Zusätzen noch alkalisch reagierten.

Versuch 116 N. Am 2. August 1907 wurde aus 7 jungen Algen-reinkulturen je 1 ccm in je 5 leere Reagenzgläser überpipettiert. Eines davon erhielt $^1/_{15}$ ccm Kupfersulfatlösung 1 : 10000, ein zweites $^1/_{14}$ ccm Kupfersulfatlösung 1 : 1000, ein drittes und viertes dieselben Kupfersulfat-zusätze und je $^8/_{12}$ ccm 2 pro Mill. Natronlauge. Das fünfte Glas erhielt nur Natronlauge.

Am 7. August, also 5 Tage später, zeigten 7 von den 35 Reagenz-gläsern Stäbchen. Eine dieser Kulturen hatte nur Natron erhalten, zwei nur Kupfer und vier Kupfer und Natron. Den noch negativen Kulturen, die vorher nur Kupfer erhalten hatten, wurde jetzt Alkalizusatz gegeben. Zwei Tage später wiesen zwei von diesen Kulturen Stäbchen auf. Am 15. August wurde der Alkalizusatz bei einer Anzahl noch negativer Gläschen wiederholt. Darauf wiesen 8 weitere Gläschen Stäbchen auf. 18 Gläschen sind bislang frei von Bakterien geblieben.

Am 2. August waren außer den besprochenen 35 Reagenzgläsern noch 10 Gläser mit ungeimpften Nährböden versehen worden. Diese Kontrollen erhielten am 2., am 7. und 15. August dieselben Kupfer-bzw. Alkalizusätze, wie die Algenkulturen, ohne daß in einer der Kon-trollen Bakterien auftraten. Außerdem wurden die Zusätze regelmäßig auf Agar verimpft, auch auf diesen entwickelten sich keine Bakterien.

Interessant und für meine Absichten besonders wichtig ist die Tat-sache, daß zu diesem Versuch 7 junge Kulturen verwendet worden waren, darunter eine Abimpfung von einer auf Gelatine gewachsenen Algenreinkultur. Die Ausgangskulturen für den Versuch 116 N waren am 22. Juni 1907 in verdünnte Zuckerbouillon abgeimpft worden und zwar zwei von ihnen aus 8 Monate alten Ammoniumsulfatkulturen. 4 Aus-gangskulturen stammten aus einer Kartoffelwasserkultur vom 22. Mai 1907. Eine Ausgangskultur war eine 4 Wochen alte Gelatinekultur aus Ammo-niumsulfatnährboden.

Die beschriebene Versuchsanordnung erscheint mir geeignet für Nachprüfungen, welche, unter Verwendung junger Algenkulturen, zunächst nur zu der Frage Stellung nehmen sollen, ob überhaupt Bakterien sich aus Algenkulturen entwickeln können. Bei der beschriebenen Versuchs-anordnung wird man aber voraussichtlich nur eine Art von Bakterien erhalten und zwar Sporenbildner. Aus diesem Grunde ist auf sorg-fältigste Sterilisation der Nährböden, Kulturgläser und Pipetten Wert zu legen.

Die mitgeteilten und noch mitzuteilenden Befunde dürften genügen, um zu zeigen, daß es mir gelungen ist, eine Versuchsanordnung zu finden, mittels derer man aus Algenreinkulturen Bakterien zu gewinnen vermag. Schlimmstenfalls wird man die Algenreinkulturen ein bis zwei Jahre stehen lassen müssen, ehe man die entscheidenden Experimente ausführt. Wünschenswert, und wie ich hinzufügen kann, möglich erscheint mir aber auch der Versuch, mit jungen Kulturen regelmäßig zum Ziel zu kommen. Mit dahin zielenden Versuchen bin ich zurzeit beschäftigt. Nach reiflicher Überlegung bin ich zu dem Entschluß ge-kommen, meine bisherigen Befunde bekannt zu geben, ohne die Ergebnisse solcher Versuche abzuwarten, um dadurch anderen Forschern Gelegenheit zu geben, die hier erörterten Fragen nachzuprüfen und, im Falle der Be-stätigung, auf diesem eminent wichtigen Gebiete mitzuarbeiten.

Ich würde naturgemäß vorgezogen haben, auf Grund der gefundenen neuen Gesichtspunkte meine Forschungen auf dem Gebiete der Ätiologie infektiöser Krankheiten, der Epidemiologie und der Maßregeln zur Bekämpfung von Epidemien fortzusetzen. So lange aber nicht maßgebenden Forschern Gelegenheit gegeben war, die Richtigkeit meiner Auffassungen zu bestätigen, waren mir in allen solchen Unternehmungen die Hände vollständig gebunden. Ich mußte deshalb vor allem bestrebt sein, eine Versuchsanordnung auszubilden, welche die Nachprüfung der elementarsten und wichtigsten Fragen ermöglichte. Wollte ich nach den beschriebenen Befunden noch länger mit der Bekanntgabe zögern, die Sache nun noch weiter treiben und den Versuch machen, ein Experiment auszubilden, mit Hilfe dessen der Nachweis innerhalb weniger Tage sicher gelänge, so würde mir das als unberechtigter Ehrgeiz ausgelegt werden können. Wer sich mit Versuchen, wie den beschriebenen, befassen will, der muß sich mit viel Geduld wappnen, und er darf sich nicht entmutigen lassen, wenn eine Reihe von Versuchen negativ verläuft, ehe eine Versuchsserie glückt. Für besonders empfehlenswert halte ich die beschriebene Versuchsanordnung 116 F, bei welcher gereifte Algenzellen längere Zeit in destilliertem Wasser gehalten werden, ehe der Alkalizusatz gegeben wird.

# VI. Kapitel.

## Nachweis der organischen Kontinuität sukzessiver Entwicklungszustände.

In meinen vorstehenden Ausführungen habe ich immer nur schlechtweg von Schimmel und Bakterien als Produkten von Algenzellen gesprochen. Ich werde nunmehr näher darzulegen haben, was für Bakterienarten in meinen Algenreinkulturen aufgetreten sind. Daß es sich nicht etwa um bakterienähnliche Schwärmerzellen, Spermatozoiden oder andere Gebilde handelte, wurde, wie schon erwähnt, nachgewiesen durch Abimpfung auf Bakteriennährböden, wo diese Gebilde alsbald wie typische Schimmel- und Bakterienkulturen auskeimten.

Alle die Algenkulturen, mit denen ich arbeitete, sind hervorgegangen aus einer einzigen Algenzelle und der Gedanke würde nahe liegen, daß, wenn nun schon einmal Bakterien aus Algen entstehen, aus einer Zellenart doch nur immer eine Bakterienart sich entwickeln könnte. Meine Befunde entsprachen einer solchen Voraussetzung durchaus nicht. Das hat mich persönlich in der Überzeugung, daß ich meine Befunde richtig beurteilte, durchaus nicht irre gemacht. Vorübergehend hielt ich es für wünschenswert, eine Versuchsanordnung zu finden, durch welche ich zunächst immer wieder dieselbe Bakterienart hätte gewinnen können, um das Mißtrauen, auf welches ich nach allen Vorgängen auf diesem Gebiete naturgemäß rechnen muß, erst einmal zu beseitigen, und die Fachgenossen zu einer unvoreingenommenen Nachprüfung geneigt zu machen. Bei meinen Versuchen an jungen Algenkulturen, die in gleichen Nährböden gewachsen sind und sich in annähernd gleichem Entwicklungszustande befinden, scheinen sich nur Bakterien zu entwickeln, die untereinander übereinstimmen. Die bislang daraus gewonnenen Bakterien gehören in bezug auf Form und kulturelle Eigenschaften alle einer Art an, so z. B. bei dem Versuch 116 F, wo nur Kokken ganz gleicher Art auftraten, und bei dem Versuch 116 N, wo nur Sporenbildner entstanden, die untereinander identisch waren. Anders liegt die Sache bei den älteren Kulturen. Betrachtet man diese mikroskopisch, so findet man in ihnen farblose Einlagerungen verschiedenster Art, kleinste, stark lichtbrechende Körperchen (siehe Tafel II, Fig. A) zu je nur einem Exemplar in jeder Alge, oder mehrere bis viele derartige Körnchen in einer Zelle, oder aber lichtbrechende Körperchen bis hinauf zur Größe von etwa 11 $\mu$, wie in Tafel I, Fig. P abgebildet, dann wieder zahlreiche Kügelchen von ganz gleichmäßiger Größe, welche die Zelle ausfüllen und nicht lichtbrechend sind, oder aber ähnliche, matte Gebilde, einzeln in jeder möglichen Größe.

Durch Jodlösung vermag man manche dieser Einlagerungen als stärkeartiger Natur zu charakterisieren. Gegen verdünnte Methylenblaulösung verhalten sich die beschriebenen Einlagerungen durchaus verschieden. Die lichtbrechenden Körperchen nehmen solche Farbstofflösungen gar nicht an, andere färben sich in durchaus verschiedener Intensität und Farbennuance leuchtend rot, violett, oder tief marineblau.

Treten in solchen älteren Kulturen Bakterien auf, so kann man beobachten, daß in der betreffenden Kultur mit seltenen Ausnahmen nur eine Bakterienart sich entwickelt, und daß diese Bakterien in der Regel der Form der vorherrschenden Einlagerungen entsprechen. In Kulturen mit nur einem lichtbrechenden Körnchen entwickelten sich z. B. häufig Sporenbildner. Die freigewordenen, d. h. aus den Algen ausgetretenen Gebilde entsprechen in ihrer Form und ihrem Verhalten zum Farbstoff durchaus den präformierten Bildungen in den Algen. Solche Einlagerungen finden sich durchweg schon vor Auftreten der Bakterien und in solcher Anordnung, daß die Möglichkeit von Irrtümern vollständig ausgeschlossen werden konnte, wie z. B. die Annahme, daß die beschriebenen Gebilde entweder über, oder unter der Algenzelle gelegen hätten. Ich habe Herrn Gummelt gebeten, bei der Wiedergabe der Bilder auch seinerseits nach dieser Richtung hin die strengste Kritik zu üben und habe mich immer wieder davon überzeugen können, daß seine reichlich 20 jährige Praxis in der Wiedergabe mikroskopischer Bilder, ihm ein sehr sicheres Auge und Urteil gegeben hat.

Auf Zusatz von Alkali beginnen die beschriebenen Einlagerungen bei vielen Kulturen zu quellen. Man sieht, wie sie die Algenmembran ausbuchten und kann das Platzen der Membran und das Austreten des Inhalts der Algenzelle verfolgen (Tafel I, Fig. $P_1$ und Tafel IV, Fig. D, 5, 7, 8). Die entstehenden Bakterien entsprechen mit seltenen Ausnahmen dem Charakter der auf solche Weise frei gewordenen farblosen Einschlüsse. Nicht immer aber wachsen diese Einschlüsse nach Platzen der Algenzelle aus. Oft kommt es zwar bis zur Furchung, in anderen Fällen aber lösen die frei gewordenen Einschlüsse sich innerhalb kurzer Zeit auf und verschwinden sie. Es kann dann vorkommen, daß nach weiteren Zusätzen anders geformte Algeneinschlüsse frei werden und hierauf eine intensive Bakterienentwicklung eintritt. Solche Vorkommnisse habe ich dahin gedeutet, daß die Beschaffenheit des Nährsubstrates für die Weiterentwicklung der ersten ausgetretenen Zelleinschlüsse nicht geeignet war. Zuweilen verloren aber die Algen jede Neigung zur Bakterienbildung. In solchen Fällen zeigte sich entweder eine starke Vermehrung der Algen durch Zellteilung, oder es waren Anzeichen des Absterbens der Algen zu beobachten. In anderen Fällen kommt man zum Ziel, wenn man die Kultur längere Zeit der Ruhe überläßt. Entweder keimen dann später die Bakterien von selbst aus, oder schon bald nach erneutem Zusatz von Alkali.

Unter Umständen, bislang freilich selten, konnte ich beobachten, daß einzelne Zelleinschlüsse der Algen die Membran durchbrachen und schlauchartig auswuchsen (siehe Tafel III, Fig. E 3). Einmal, und zwar vor 11 Jahren, habe ich in einer Kultur beobachten können, wie innerhalb kurzer Zeit, wie auf Kommando, die farblosen Einschlüsse der Algenzellen nach allen Richtungen hin die Algenmembran durchbohrten, so daß diese, mit sich schnell entwickelnden, bakterienartigen Schläuchen besetzt war, die sich nach allen Richtungen hin ausstreckten, wie etwa die Stacheln eines Igels. Nach einigen Tagen waren derartige an, Algenzellen haftende Auswüchse, in der Kultur überhaupt nicht mehr zu finden, sondern nur Bakterien, welche in der Form und Größe diesen ausgetretenen Schläuchen entsprachen.

Schon seit Beginn meiner Versuche war es mein Wunsch, solche Bilder zu fixieren. Dieses stößt aber auf erhebliche Schwierigkeiten. Man kann die Algenzellen nicht eintrocknen wie Bakterien. Sie schrumpfen zusammen. Zufriedenstellende erhitzte Deckglaspräparate habe ich nur selten gewinnen können, hauptsächlich aber nur von normalen chlorophyllhaltigen Algen. Diese erwiesen sich bei Färbung mit Fuchsin stets als säurebeständig. Algen mit farblosen Einschlüssen halten dem Eintrocknungsprozeß nicht stand, sondern verlieren beim Fixieren ihre Form. Selbst der geringste Zusatz von flüssiger Gelatine oder anderen Substanzen, durch welche die Algenzellen wenigstens in ihrer Lage fixiert werden sollten, führte zu einer Veränderung, in der Regel zum Platzen oder Schrumpfen der gereiften Alge. Aus diesem Grunde habe ich meine mikroskopischen Beobachtungen stets in hängenden Tropfen ausführen müssen. Obgleich ich sterilisierte Deckgläschen und Vaseline benutzte, so habe ich doch auf Bakterien, welche erst im hängenden Tropfen auftraten, für meine Beweisführung keinen Wert gelegt. Übrigens sind diese Tropfen, selbst bei monatelanger Beobachtung, von Bakterien frei geblieben, wenn sie nicht vorher schon Bakterien enthielten, und was mir besonders wichtig erschien, es traten in ihnen Bakterien auch in solchen Fällen nicht auf, wo die zugehörige Kultur später Bakterien entwickelte. Daraus läßt sich entnehmen, daß die Bedingungen im hängenden Tropfen für das Auskeimen der Bakterien weniger günstig sind, als im Reagenzglas oder im Kolben.

Für mikrophotographische Aufnahmen eignen sich solche Tropfen, insbesondere bei Anwendung dünnflüssiger Medien sehr wenig, auch sind die Objekte in der Regel zu groß. Man sieht sich darauf beschränkt, nur einen bestimmten Punkt der Algenzelle wiederzugeben. In manchen Fällen ließen sich überzeugende mikrophotographische Bilder herstellen, die wohl geeignet schienen, die Richtigkeit der von mir angenommenen Vorgänge zu bestätigen. Wirklich brauchbare, übersichtliche Wiedergaben waren aber nur durch Abzeichnen zu gewinnen. Ich habe Herrn Gummelt die Präparate einfach vorgelegt mit dem Ersuchen, das zu zeichnen, was er sähe, und kann nur erklären, daß er die Objekte genau so wiedergegeben hat, wie ich sie selbst auch gesehen hatte. Einen Teil der Ergebnisse habe ich auf den beigefügten fünf Tafeln in 1250facher Vergrößerung reproduzieren lassen. Jede Figur bringt nur Bilder, die sich in einem und demselben Präparate fanden.

## Tafel I.

## Typische Formen der Petronellaalge; Bildung von sternförmigen Bakterien und Spirochäten.

Fig. A stellt unsere Alge in Form einer Kugel von 3,6 bis 4 $\mu$ Durchmesser dar. Diese Zellen entwickelten sich in einer Kultur in verdünnter Zuckerbouillon auf Zusatz von Kupfersulfat. Die Zellen sind nicht als Degenerationsformen, bzw. als abgetötete Algen aufzufassen, sondern sie entstehen durch Zellteilung nach Zusatz von Kupfer.

Fig. B gibt drei Formen wieder, die typisch sind für eine Kultur, bei der ein Stückchen Ziegelstein in verdünnte Zuckerbouillon geworfen war. Die Zellen stellen Sphäroide dar, deren gröfste Länge 4,8 bzw. 5,2 $\mu$, deren gröfste Breite 4 $\mu$ beträgt.

Fig. C. In Kartoffelwasser mit Kupferzusatz entwickelten sich kugelige Zellen, wie in Fig. C abgebildet. Auch in der Chlorophyll-anordnung ähneln diese Zellen denjenigen in Fig. A. Der Durchmesser war 6,4 $\mu$.

Fig. D. In Kartoffelwasser, ohne Zusatz, fanden sich ebenfalls, durch Teilung entstandene, kugelige Algenzellen von 4 $\mu$ Durchmesser (1). Aufserdem eiförmige Zellen (2) von 8,4 $\mu$ Länge und einem gröfsten Breitendurchmesser von 5,5 $\mu$.

Fig. E. In einer Kultur in verdünnter Zuckerbouillon, mit Zusatz von Kupfer und Natronlauge, entwickelten sich spindelförmige Zellen in einer Länge von 6,8 bis 8,8 $\mu$ und einem gröfsten Breitendurchmesser von 2,8 $\mu$.

Fig. F zeigt Formen, wie sie für Kartoffelwasser typisch sind. Spindelförmige Gestalt mit grofsen Vakuolen herrscht vor (1). Ihre Länge pflegt etwa 10,4 $\mu$, ihre Breite etwa 3,2 $\mu$ zu betragen. Es finden sich in solchen Kulturen auch gekrümmte Formen (2) und Ovoide (3).

Fig. G. Junge Kulturen in verdünnter Zuckerbouillon, die eben anfangen sich lebhaft grün zu färben, pflegen vorwiegend die in 1. ab-gebildete Form aufzuweisen. Der Längendurchmesser ist hier 16 $\mu$, die Breite 5,6 $\mu$. Häufig finden sich in solchen Kulturen auch abnorme Wuchsformen (2).

Fig. H. In Kartoffelzuckerwasser finden sich ovoide Zellen von 14,4 $\mu$ Länge bei 8,8 $\mu$ Breite, gleichzeitig zahlreiche, in Teilung be-griffene Zellen, wie unter 2 und 3 abgebildet, bei denen sich zunächst Tochterzellen von 9,6 bis 8 $\mu$ Länge und 4 $\mu$ Breite ergaben.

Fig. I. Auf Agar entwickelten sich kugelförmige Zellen von 12 $\mu$ Durchmesser und einer schleimartig aussehenden Innenmembran von 0,8 $\mu$ Durchmesser. Nur selten aber gedeihen meine Algen auf Agar, selbst Zusatz von Zucker genügt nicht, sie darauf zur Entwicklung zu bringen.

Ähnliche Zellen entwickelten sich auf Gelatine, Fig. K.

Fig. L. Noch gröfsere Zellen fand ich gelegentlich in verdünnter Zuckerbouillon nach Zusatz von Natronlauge und Kupfer. Der Kupfer-zusatz war hier, wie auch bei A, C und E so gering, dafs er die Algen nicht abtötete. Die zugesetzte Menge genügte aber, um bei vielen Algen die Zellteilungsvorgänge zu unterbrechen. Das hatte zur Folge, daſs sich die abgebildeten ovoiden Riesenformen von 20 μ Länge und 14,8 μ Breite entwickelten mit einer etwa 8 μ dicken Membran.

Fig. M. In Ammoniumsulfatnährboden entwickelten sich Formen, die man nach ihrem Aussehen wohl als sog. Ruhezellen ansprechen darf. Es handelt sich um kugelige Zellen von etwa 20 μ Durchmesser mit einer schleimartig aussehenden, farblosen Membran von etwa 4 μ Stärke. Die Zelle enthält groſse, rötlich braune, ölig glänzende Kugeln bis zu etwa 3,6 μ Durchmesser einschlieſst.

Fig. N habe ich aufgenommen, um zu zeigen, daſs die erste Furchung und Teilung auch in der Richtung des Querdurchmessers erfolgen kann.

Fig. O zeigt eine Teilung, bei der zunächst rosettenartige Gebilde entstehen (2). Solche finden sich vorwiegend in Ammoniumsulfatnährböden. Bei weiterem Fortschreiten des Teilungsprozesses und Ausbildung der Tochterzellen dehnt sich die Membran (1), die sich später als glasheller, nur in einer Konturlinie sichtbarer Streifen abhebt (3). Nach Platzen der Membran bleiben die kugeligen, etwa 5 μ groſsen Tochterzellen vorübergehend in Häufchen zusammengeballt liegen (4). Später trennen sie sich (5).

Fig. P stellt in Ammoniumsulfatnährboden gewachsene Algen dar, in denen sich sehr groſse, farblose Kugeln von öligem Glanz gebildet haben. Bei der Algenzelle 1 ist die starke Membran geplatzt und steht eine derartige Kugel von 5,2 μ Durchmesser im Begriff auszutreten. Bei 2 hat der ölige Körper einen Durchmesser von 11,2 μ und er füllt die ganze Alge aus. Von dem Chlorophyll ist nur noch ein dünnes Band zu erkennen. 3 und 4 würde man kaum noch als Algenzellen erkennen.

Fig. Q. In dieser Figur habe ich Bakterien veranschaulicht, die ich als sternförmige Bakterien zu bezeichnen pflege, und die mein besonderes Interesse erweckt haben, weil mir derartig gruppierte, sternförmig angeordnete Vibrionen, die ich in einer unverletzten Algenzelle angetroffen hatte, den ersten Anlaſs zu den beschriebenen Studien gegeben haben. Die kleinen Vibrionen machten in der Algenzelle lebhafte schlangenartige Bewegungen, rissen sich los und füllten später die ganze Algenzelle an, in der sie lebhaft durcheinander schlängelten. Dementsprechende Gebilde habe ich seither im Laufe der Jahre zweimal in meinen Algenreinkulturen zur Beobachtung bekommen, zuletzt im November 1906. Nach mehrmonatlicher Fortzüchtung in Pepton und Agar hatten sie alle die gekrümmte Form verloren, dagegen nicht die Neigung, sternförmige Gruppen zu bilden.

Fig. R stellt Gebilde dar, die ich bislang nur einmal in meinen Algenreinkulturen angetroffen habe und zwar auf einem Brotnährboden. Alle Versuche zur Fortpflanzung dieser Gebilde sind vergeblich geblieben, doch findet in der Kultur anscheinend noch eine Vermehrung statt, ebenso in verschiedenen daraus angesetzten hängenden Tropfen. Es handelt sich um Spirochäten, die sich zumeist in der in unter 1 abgebildeten Form präsentieren. Es sind korkzieherartig gewundene Fäden von 18,4 μ Länge und 0,4 μ Stärke in den mittleren Windungen. Nach beiden Enden spitzt sich der Faden zu. In der Regel finden sich acht Windungen. Neben der beschriebenen Form finden sich die in den

Nr. 2 bis 5 abgebildeten Varianten, von den feinsten, eben wahrnehmbaren Spirochäten, bis zu Gebilden, wie 9 von 19,2 $\mu$ Länge und einem Durchmesser von 1,2 $\mu$. Derartig starke Gebilde finden sich auch in leeren Algenzellen (10). In 5 ist eine Algenzelle abgebildet, bei der die Spirochäte deutlich aus einem glänzenden Kügelchen von 0,8 $\mu$ Durchmesser hervortritt. Die sämtlichen Algenzellen dieser Kultur enthalten derartige seidenglänzende Kügelchen, zumeist mit einem Durchmesser von 1,2 bis 1,6 $\mu$ (11 bis 13). Die gröfsere Zahl der Algen dieser Kultur enthielt nur wenig, oder gar kein Chlorophyll. Alle diejenigen Algenzellen, welche Spirochäten einschlossen, waren völlig farblos. Seidenartig glänzende Kügelchen fanden sich aber auch in Algenzellen, die noch reichliches Chlorophyll aufweisen (12 bis 13).

## Tafel II.

### Entwicklung von Kokken aus Algen.

Fig. A 1 zeigt eine Alge, in der, aufser dem grünen Chlorophyllkörper, sich ein lichtbrechendes Körnchen »$K$« von 0,8 $\mu$ Durchmesser findet. Die Algen 2 und 3 weisen je 2 bzw. 3 solcher Körnchen auf. In 3 ist das Chlorophyll vollständig verschwunden, sodafs man der Zelle nicht mehr ohne weiteres ansehen könnte, dafs es sich um eine Alge handelt. Neben diesen 3 Algen finden sich freiliegende Kügelchen, die denselben Durchmesser und denselben Glanz zeigen, wie die Einschlüsse der Algen. Bei Abimpfung auf Gelatine vermehren sie sich als Kokken von derselben Gröfse.

In Fig. B sind 3 Algenzellen wiedergegeben, von denen 1 und 2 nach erfolgter Teilung noch in der Muttermembran liegen. Das Präparat war mit verdünnter Methylenblaulösung gefärbt. Dem hängenden Tropfen wurde eine gleich grofse Menge der Farblösung zugefügt ($^1/_2$ ccm gesättigte, wässerige Methylenblaulösung auf 100 ccm destilliertes Wasser). Die Färbung der Algeneinschlüsse vollzieht sich bei Zimmertemperatur in der Regel spätestens innerhalb 3 bis 4 Stunden. Bei dieser Färbung ist deutlich zu erkennen, wie bei 2 das Chlorophyll um das Körnchen »$K$« herum, sich aufgelöst hat. Das hellblau gefärbte Kügelchen von 1,2 $\mu$ Durchmesser, scheint in einer von Natur ungefärbten Flüssigkeit zu schwimmen. In der Algenzelle 3 ist die Verflüssigung des Chlorophylls noch weiter fortgeschritten. In der Zelle 1 ist es überhaupt ganz aufgelöst und verschwunden. Die mit »$K$« bezeichneten Körnchen haben den Farbstoff in der Alge mit derselben Intensität und Nuance aufgenommen, wie die freiliegenden, gleich grofsen Kügelchen. Die übrigen Körnchen in den Algenzellen haben den Farbstoff etwas intensiver aufgenommen. Die freiliegenden Kügelchen vermehren sich auf Bakteriennährböden als Kokken.

Fig. C gibt den Vorgang für eine Kultur wieder, aus der sich nicht einzeln liegende Kokken entwickelten, sondern solche, die die Anordnung von Staphylokokken zeigten. Der Vorgang bei der Bildung dieser Kokken differiert von den in Fig. A und B abgebildeten insofern, als diejenigen farblosen Einlagerungen der Algen, aus welchen die Kokken entstehen, zum Teil gröfser sind als die daraus entstandenen Kokken. Aus der Alge 1 hat sich das 2 $\mu$ grofse Körnchen »$K$« durch die Algenmembran

vorgebuchtet. Beim Freiwerden teilt es sich (2) und es entstehen die
1,2 $\mu$ grofsen, traubenähnlichen Kokken (3). In anderen Algen entstehen
schon von vornherein die 1,2 $\mu$ grofsen Kügelchen (4). 5 stellt eine
Algenzelle dar, in der diese Einschlüsse noch grünlich verfärbt erscheinen.
Die Kügelchen entstehen hier nicht durch Teilung des farblosen Protoplasmas, sondern sie wachsen gleichzeitig von anfänglich kaum sichtbaren, lichtbrechenden Körnchen aus.

F i g. D. Die Einschlüsse der mit verdünnter Methylenblaulösung
behandelten Algen zeigen bei 1 und 2 dieselbe Gröfse (1,2 $\mu$) und Intensität der Färbung, wie die daneben liegenden Kokken (4). Die Algenzelle 3 dagegen enthält gröfsere, intensiv gefärbte Kugeln bis zu 2,4 $\mu$.
Beim Platzen einer solchen Alge werden diese gröfseren Kugeln frei (5).
Sie beginnen aber bald, sich zu teilen, und innerhalb kurzer Zeit haben
sie alle die gleiche Gröfse, wie die in 4 abgebildeten. In dieser Gröfse
wachsen sie auf Agar und Gelatine weiter.

F i g. E stellt die Entwicklung etwas gröfserer Kokken dar (1,4 $\mu$),
die sich ebenso wie diejenigen der Fig. D in der Kultur als Monokokken
weiter entwickeln. Die Algenzellen enthielten in der Kultur in der Regel
nur ein lichtbrechendes Körnchen, 2 K, 4 K. In Algenzellen, welche in
Teilung begriffen waren, wie 5, schien jede Tochterzelle ein der-
derartiges Körnchen zu enthalten. In einigen Zellen hatte sich das
Chlorophyll um diese Körnchen in weitem Umkreis in eine farblose
Flüssigkeit verwandelt (V 1). Nach völliger Verflüssigung des Chlorophylls beginnt die Teilung und Vermehrung der Körnchen oft auch
schon in der Algenzelle (3,5).

F i g. F. In den Algen dieser Kultur haben sich bis zu 4,4 $\mu$ grofse,
lichtbrechende, farblose, durch verdünntes Methylenblau nicht färbbare
Bläschen gebildet (2 Bl.). Dieses Bläschen teilt sich entweder in der
Algenzelle, nach völliger Auflösung des Chlorophylls, wie bei 1, oder
aber es wird ungeteilt aus der Alge frei. Alsbald beginnt es Furchungserscheinungen zu zeigen (3). In diesem Zustande färbt sich das Gebilde
in verdünntem Methylenblau nur sehr schwach. Bei weiterer Teilung,
und nach Freiwerden einzelner Bruchstücke des Furchungskörpers (4)
wird der Farbstoff zwar etwas intensiver aufgenommen, jedoch noch
nicht so intensiv, wie nach Entwicklung der typischen Mikroorganismen,
die aus diesen Algen entstehen, und die sich als Tetragenus (5 und 6)
weiter entwickelten.

F i g. G zeigt ähnliche Vorgänge. Hier hat sich in der Alge 1 das
Bläschen fortgesetzt geteilt. Dabei gewinnt die Alge erheblich an Um-
fang. Gelegentlich wächst sie zu unförmigen Gebilden aus, bei denen
die Membran noch erhalten bleibt. Schliefslich platzt diese, die einzelnen
Kügelchen werden frei (3). In diesem Zustande nehmen sie den Farbstoff
noch gar nicht an. Nach Beginn der Furchung (4) färben sie sich sehr
schwach mit Methylenblau (in der Tafel ist die Färbung etwas zu stark
wiedergegeben). Nach Entwicklung der typischen Bakterienform (5) wird
der Farbstoff intensiv angenommen.

F i g. H stellt den verhältnismäfsig selten von mir beobachteten Fall
dar, wo die Entwicklung der typischen Bakterienform sich schon in den
Algenzellen abspielte, jedoch nur in solchen Zellen, wo das Chlorophyll
vorher vollständig aufgelöst war. In der Kultur fanden sich chlorophyllhaltige Algen mit zwei runden Einlagerungen von 2 bis 2,4 $\mu$ Durch-

messer (1). Ferner waren vollständig farblose Algen mit Einschlüssen zu finden, welche die ersten Furchungserscheinungen erkennen liefsen (2 und 3). Aufserdem Algen, wo die Furchung und Teilung bis zur Entwicklung bakterienartiger Gebilde geführt hatte. Die Zelleinschlüsse zeigen noch nicht alle die vollständig typische Entwicklungsform des Tetragenus, stellen aber alle Übergangsformen bis zur annähernd typischen Form dar (4 und 5). Schliefslich fanden sich in diesen Algenkulturen auch Algenzellen, in denen die typischen Tetragenusformen zur Entwicklung gekommen waren (6), wie sie sich freiliegend neben den Algen finden (7). Ich brauche kaum zu betonen, dafs gerade bei diesem Präparate die Frage besonders eingehend erwogen wurde, ob die beschriebenen Gebilde nicht etwa über oder unter den Algen gelegen hätten. Jeder Zweifel darüber konnte aber mit völliger Sicherheit ausgeschlossen werden. Die Anordnung der Einschlüsse und die verschiedenen Entwicklungsstadien, in denen sie in der unter 4 abgebildeten Zelle angetroffen wurden, legen die Annahme auch von vornherein sehr nahe, dafs diese Gebilde innerhalb der Zelle lagen. Die Zellmembran war durch deren Wachstum so ausgedehnt und geweitet worden, dafs sie im Querschnitt eine annähernd rechteckige Figur zeigte.

## Tafel III.
### Entwicklung von Bakterien aus Algen.

Fig. A. Zahlreiche Algen in dieser Kultur enthielten sehr stark lichtbrechende Kügelchen »K« von 1,2 $\mu$ Durchmesser. Fast in allen diesen Algen fand sich daneben noch ein Rest des Chlorophyllkörpers, jedoch deutlich getrennt von dem farblosen Kügelchen, wie in der Figur dargestellt. Die Bakterien »B«, die sich in dieser Kultur entwickelten, hatten den Durchmesser des Kügelchens. Sie gleichen in ihrer Form den Typhusbakterien. Sporen bilden sie nicht.

Fig. B. In dieser Algenkultur entwickelten sich Sporenbildner (Sp.) Es handelte sich um eine verhältnismäfsig junge Algenkultur, in der zahlreiche Algenzellen noch normales Aussehen aufwiesen (1). Der Chlorophyllkörper ist fast homogen und zeigt nur ein 2 $\mu$ grofses, grünfarbiges, kugelförmiges Gebilde, das Cohnsche Chlorophyllbläschen (C.Bl.), das bei bestimmter Einstellung ringförmig erscheint.

Das besprochene Gebilde findet sich in anderen Algenzellen derselben Kultur nicht, dagegen enthalten diese eine farblose Plasmakugel von derselben Gröfse (2 Pl.). Auf die Frage, ob diese sich aus dem vorhin beschriebenen grünen Körper direkt entwickelt habe, möchte ich an dieser Stelle noch nicht eingehen. In anderen, kleineren Zellen, die durch Teilung aus den gröfseren entstanden sind, findet man stark lichtbrechende Körperchen (3 K.). Dieses Körperchen ist in der Figur dunkel gezeichnet worden. Bei anderer Einstellung hat man den Eindruck, dafs ein stark lichtbrechendes Körperchen in einer nur wenig gröfseren Vakuole liegt. In der Algenzelle (4) hat sich dieses geteilt, und der Auflösungsprozefs des Chlorophyllkörpers ist weiter fortgeschritten. Aus solchen Algen treten die Kügelchen aus, und sie wachsen zu Stäbchen (St.) aus, die innerhalb eines Tages bei Zimmertemperatur längliche Sporen (Sp.) bilden.

In Fig. C ist der Vorgang des Auskeimens der Stäbchen aus den frei gewordenen Kügelchen dargestellt (1 und 2). Die dem Stäbchen

anhaftenden Kügelchen sind nicht etwa als Sporen aufzufassen, denn
die Bakterien der betreffenden Kultur waren keine Sporenbildner.

Fig. D veranschaulicht grofse runde Algenzellen (1 und 2), wie
sie in Ammoniumsulfatnährböden angetroffen werden. Die meisten der in
diesen Algen angetroffenen, farblosen Kügelchen, hatten einen Durchmesser von höchstens 2 $\mu$ erreicht. Auf Zusatz von Alkali entwickelten
sich Bakterien, von denen manche ihrer Form nach Diphtheriebakterien
glichen (6 und 7). Zumeist fanden sich aber in dem Präparate Gebilde,
wie die in 3 und 4 dargestellten, die man bekanntlich auch bei Diph-
therie antrifft. Das Präparat enthielt auch zahlreiche verzweigte Stäbchen (5).

Fig. E. In vielen Algenzellen der hier in Frage kommenden Kultur
fanden sich zahlreiche kugelförmige Einlagerungen bis zu 2 $\mu$ Gröfse (1), von
denen manche Spröfslinge (Spr.) aufwiesen. Als Vorstadium hierzu fasse
ich den in der Algenzelle 2 angetroffenen Zustand auf, welche nur zwei
gröfsere Kügelchen (1,2 $\mu$) enthielt. Das Chlorophyll in der Umgebung
dieser Kügelchen war aufgelöst worden, sodafs sie in einer, von farbloser
Flüssigkeit angefüllten, Vakuole liegen (2).

Die Weiterentwicklung der in der Algenzelle 1 angetroffenen
Kügelchen kann in verschiedener Weise vor sich gehen. Einmal bricht
der Inhalt einer Kugel in Form einer schlauchartigen Ausstülpung
aus der Algenzelle hervor, (3). Auf diese Art der Weiterentwicklung, die mir verhältnismäfsig selten zur Beobachtung gekommen
ist, komme ich bei Besprechung der nächsten Figuren zurück. In
der Regel aber platzen die Algen, und die Kügelchen treten aus.
Unter gewissen Kulturbedingungen löst sich das Chlorophyll in den Zellen
vollständig auf, die Kügelchen vermehren sich in der Algenzelle selbst,
und nehmen schon hier ovale bzw. längliche Form an (4). In solchen
Kulturen trifft man nicht selten Zellen, die ganz vollgepfropft erscheinen
von wohl charakterisierten Stäbchen (5). Die Form dieser Stäbchen
entspricht derjenigen, die man aus solchen Kulturen später zu züchten
vermag. Die schlauchartige Ausstülpung bei 3 dagegen, bedeutet nur ein
Übergangsstadium.

Fig. F, G und H veranschaulichen Vorgänge, die uns in den
Bakterienreinkulturen nicht zur Beobachtung kommen, und welche
früheren Forschern oft Anlafs gegeben haben mögen, die Konstanz der
Bakterienform zu bezweifeln.

In den gequollenen Algen entwickeln sich sehr stark lichtbrechende Kügelchen (Fig. F. 1 u. 2 K.) bis zu einer Gröfse von 2,8 bis 3,2 $\mu$,
daneben aber auch weniger stark lichtbrechende Körper, auf die ich
bei der nächsten Figur noch zurückkomme. Die lichtbrechenden
Kügelchen werden frei (3) und wachsen zu grofsen lichtbrechenden, anscheinend leeren Schläuchen aus (4). In diesen Schläuchen bilden sich
ovale oder runde Körper (5) und aus diesen wachsen Bakterien aus,
wie sie später auf Bakteriennährböden in Reinkultur zur Entwicklung
kommen. Ein Übergangsstadium zu dieser Entwicklung ist unter 7
abgebildet. Nachdem sich einmal die teilungsfähigen Bakterien (8) entwickelt haben, behalten diese unter allen Verhältnissen ihre Form bei.

Im vorliegenden Falle handelt es sich um Bakterien, welche längliche starke Sporen bildeten (9). Die besprochenen Schläuche (4) fasse
ich, wie aus dem Gesagten hervorgeht, nicht als vermehrungsfähige

Bakterien auf, und deshalb deute ich den beschriebenen Vorgang auch nicht als einen Beweis für die Inkonstanz der Bakterienformen. Im Gegenteil, ich habe mich immer wieder davon überzeugen können, daß die Bakterien nach erfolgter Reifung, stets ihre Form und ihre kulturellen Eigenschaften beibehalten haben, bis auf diejenigen Erscheinungen, die schon jetzt allgemein als Degenerationsvorgänge bekannt sind.

In einer Beziehung weichen allerdings meine Algenbakterien davon ab. Sämtliche Bakterien verschiedenster Form und Größe, die ich aus meinen Algenreinkulturen gewann, erwiesen sich in der Algenkultur selbst als säurebeständig. Andeutungen davon findet man auch noch bei der ersten Abimpfung auf Agar und Gelatine, die Säurebeständigkeit verschwand aber durchweg schon bei der zweiten oder dritten Generation. Am ausgesprochensten ist sie bei Algenkulturen, die man zur Zeit des ersten Auskeimens der Bakterien zur Beobachtung bekommt, also zu einer Zeit, wo man es noch ausschließlich mit der ersten Generation zu tun hat. Die beschriebenen, farblosen Einschlüsse der Algen sind ebenfalls säurebeständig. Diese Beobachtungen, die ich seit vielen Jahren konstant machen konnte, haben mir früher, zu Zeiten des Zweifels, immer wieder als Anhaltspunkte für die Auffassung gedient, daß die von mir in den Algenkulturen beobachteten Bakterien nicht Luft- oder anderweitige Verunreinigungen sein könnten.

Fig. G. zeigt einen ähnlichen Entwicklungsgang wie E. und F. Durch Alkalizusatz war eine lebhafte Zellteilung in den Algen angeregt worden (1), nachdem die Kultur ein Jahr lang aufbewahrt worden, und ihr Wachstum schon lange völlig zum Stillstand gekommen war. In manchen der Tochterzellen entwickelten sich lichtbrechende, farblose Kügelchen von 1,8 μ Größe (2 K). Solche Tochterzellen teilen sich unter Umständen weiter, und jede von ihnen enthält ein stark lichtbrechendes Kügelchen, während das Chlorophyll ganz aufgelöst wird (3). Unter Umständen findet man auch zwei lichtbrechende Kügelchen in einer solchen farblosen Zelle (4). Diese sind dann kleiner, als in dem Falle, wo die Tochterzellen nur ein Kügelchen aufweisen, wie in 5. Aus solchen Zellen werden die Kügelchen frei und es haftet ihnen gelegentlich anfangs noch ein Fetzen Protoplasma an (6 P). Aus diesen Kügelchen keimt ein Schlauch aus (7), der bis zu 30 μ und noch länger auswachsen kann (8), ohne sich zu teilen, und ohne an Lichtbrechungsvermögen einzubüßen. In dem Schlauch bilden sich längliche Sporen (9). Diese werden frei und wachsen zu Stäbchen aus, die sich teilen (10). Die hier abgebildete Form behalten die Bakterien auch bei späterer Abimpfung auf Bakteriennährböden bei, und sie bilden kleinere, längliche Sporen (11). Ebenso wie bei E. können die Bakterien auch innerhalb der Algenzellen schon zur definitiven Form ausreifen. In manchen Algenzellen findet man Gebilde, welche die Form und Größe der definitiven Bakteriensporen haben, und stark lichtbrechend sind (12). Solche Sporen können frei werden (13) und direkt zu Bakterien auskeimen.

Fig. H. Die hier abgebildeten Vorgänge stimmen annähernd überein mit denen der Fig. F. Auch in dieser Kultur bildeten die Algen große, lichtbrechende Kügelchen, die beim Wachstum das Chlorophyll ihrer Umgebung in eine farblose Flüssigkeit verwandelten (1 V.). Solche Zellen können sich noch teilen. Jede der entstehenden Tochterzellen enthält dann unter Umständen solche Kügelchen, gelegentlich auch noch Chlorophyll (2). Andere Tochterzellen (3) erwiesen sich, nach Austritt aus der Membran der Mutterzelle, frei von Chlorophyll und aus ihnen treten lichtbrechende Schläuche von 1,6 $\mu$ Durchmesser aus, die anfänglich nur einzelne, sehr kleine lichtbrechende Kügelchen ($K$) enthalten. Diese Schläuche septieren sich, sodaſs man bis zu 4 oder 5 Glieder von 8 bis 10 $\mu$ Länge an ihnen beobachten kann. Bei der unter 3 abgegebildeten Algenzelle lieſs sich deutlich der Zusammenhang des links liegenden Schlauches (*Schl.*) mit dem nächstliegenden Kügelchen (*Kü*) erkennen. Die Schläuche werden frei und bewegen sich schlängelnd durch den Tropfen. In manchen Zellen kann man beobachten, wie diese Schläuche mit dem, aus kleinsten farblosen Kügelchen bestehenden Rest des Chlorophylls zusammenhängen (4), und stark schlängelnde Bewegungen machen, um sich zu befreien. Nicht selten gelingt es ihnen nur frei zu werden, indem sie einen Teil der körnigen Masse mit losreiſsen (5). Innerhalb etwa 24 Stunden keimten aus diesen Schläuchen an beiden Enden Bakterien aus, die dem Bact. granulatum glichen (6 B.).

In demselben Präparate fand sich auch ein etwas abweichender Entwicklungsgang. Die farblosen Zellen (7) platzen, die Kügelchen (8) werden frei und keimen direkt zum Bact. granulatum aus (9). Unter Umständen entwickeln sich diese Bakterien schon in der Algenzelle selbst, jedoch wiederum nur in solchen Zellen, aus denen jeder Rest des Chlorophylls vorher verschwunden war (10). Aus anderen Zellen wieder sproſste ein schlauchartiges Gebilde hervor (11), das von vornherein stark granuliert erschien, sich zunächst in keilförmige Gebilde teilte (13), die später zum Bact. granulatum auswuchsen (14).

## Tafel IV.

### Entwicklung von Hefe aus Algenzellen.

Fig. A. Die ovalen Algenzellen dieser Kultur enthielten auſser dem homogenen Chlorophyll eine grünlich gefärbte Kugel von 2 $\mu$ Durchmesser, (das Chlorophyllbläschen) (1). Auf Alkalizusatz wurden diese Kügelchen farblos und lichtbrechend (2). Sie verwandelten das Chlorophyll in ihrer Umgebung in eine farblose Flüssigkeit (3 und 4). Schlieſslich fanden sich zahlreiche Algenzellen, die vollständig frei waren von Chlorophyll und ein, bzw. zwei lichtbrechende Körperchen von 2 bis 2,4 $\mu$ Durchmesser aufwiesen (6). Kurz darauf enthielt die betreffende Kultur freiliegende Kugeln von 2,4 bis 3,2 $\mu$ Durchmesser, die sich durch Sprossung vermehrten, und sich auf Nährböden als Hefe weiter entwickelten (7 und 8).

Fig. B. Die Algenzellen dieser Kultur waren durchweg gröſser als in der vorher beschriebenen, und es entwickelten sich in ihnen lichtbrechende Kügelchen von 4 $\mu$ Durchmesser (1) unter Entfärbung und Verflüssigung des Chlorophylls. In vollständig farblosen Algenzellen bildeten diese Kügelchen ein oder mehrere Sprossen (2). Die aus den Algen frei gewordenen Kügelchen bildeten Sproſsverbände, deren einzelne, ausgewachsene Zellen eine Länge von 5,6 $\mu$ und einen Breitendurchmesser von 4 $\mu$ hatten (3 und 4).

Fig. C. Der Vorgang bei dieser Algenkultur entspricht dem eben beschriebenen. Ich habe das Präparat aus dem Grunde abbilden lassen, weil schon innerhalb zahlreicher Algenzellen deutliche Sprofsverbände zur Entwicklung kamen (*Spr.*).

Fig. D stellt eine in Ammoniumsulfatnährboden gewachsene Algenkultur dar, in welcher die Algen eine (1) bis mehrere (2) farblose, stark lichtbrechende Kugeln von etwa 3 bis 4 μ Durchmesser aufwiesen. In manchen Algen hatten diese Körper das Aussehen von Öltropfen und gewannen sie einen Durchmesser bis zu 8 μ (4).

Die starke Membran dieser Algenzellen platzte und die Kügelchen wurden frei (5). Alsbald sprofsten Tochterzellen aus (6). Unter Umständen zeigten sich solche Sprofsen schon in dem Momente, wo die Kügelchen aus der Alge hervortraten (7). Wiederholt machte mich Herr Gummelt darauf aufmerksam, dafs an Kügelchen, an denen ich ihm nur ein, oder zwei Sprossen hatte zeigen können, während des Zeichnens, und zwar schon innerhalb weniger Minuten, sich neue Spröfslinge entwickelten, die aus den Mutterzellen hervorquollen, etwa in der Weise, wie die Pseudopodien der Amöben. Mitunter scheinen die Kugeln durch Quellungsvorgänge stark gegen die Membran geprefst zu werden, wodurch diese stark ausgebuchtet wird (8). Dieses Ausbuchten scheint dem Platzen der Algen vorauf zu gehen. In dieser Kultur entwickelten sich nicht kugelige Hefe, sondern längliche, oidiumartige Zellen (9), in denen sich alsbald wieder Kugeln von 3,6 μ Gröfse entwickelten.

Fig. E. Nicht immer scheint die Hefe in den Algenzellen präformiert zu sein, wie in den beschriebenen Figuren. Wiederholt fand ich Hefebildung in Algenkulturen, die keine farblosen Einlagerungen zeigten. In diesen Fällen teilten sich die Algen aber zu länglichen, gröfseren Tochterzellen (1 und 2). Teilten sich diese wieder, so traf man gelegentlich eine farblose und eine grüne Zelle innerhalb der Muttermembran an. Eine derartige farblose, ovale Zelle findet sich unter 3 abgebildet. Bald nachdem diese farblosen Algenzellen aufgetreten sind, entwickeln sich in solchen Kulturen ovale oidiumartige Zellen von 8 μ Länge und etwa 3 μ Durchmesser (4). Bei weiterer Sprossung entstehen in diesem Falle immer wieder längliche Zellen (5 und 6).

## Tafel V.

### Entwicklung von Schimmel aus Algenzellen.

Den Algenzellen, die kleinkörnige Einschlüsse aufweisen, vermag man schon nach Anordnung, Glanz und Gröfse der Kügelchen vorher oft anzusehen, ob sich Kokken oder Bakterien entwickeln werden. Bei den Algenzellen dagegen, welche grofse, wie auf Tafel IV dargestellte Einschlüsse enthalten, kann man nicht ohne weiteres voraussehen, ob sich aus ihnen Hefe oder Schimmel entwickeln wird. Bis zu einem bestimmten Zeitpunkt zeigen die Zellen in beiden Fällen vollständige Übereinstimmung. Nur nach den Erfahrungen, die man darüber gemacht hat, unter welchen Umständen sich Hefe, und unter welchen anderen Verhältnissen sich Schimmel zu entwickeln pflegt, kann man in diesen Stadien den weiteren Entwicklungsgang mit einiger Sicherheit voraussagen. In den Algen, welche zur Hefebildung neigen, pflegen aber die farblosen Einschlüsse bei der vorhin beschriebenen Gröfse stehen zu bleiben. Dafs auch hiervon Ausnahmen vorkommen, wurde bei Fig. D der Tafel IV gezeigt.

Fig. A zeigt die Veränderungen, wie sie in Algenkulturen beobachtet wurden, aus denen sich Penicillium glaucum entwickelte. Es treten lichtbrechende, farblose Kügelchen auf, welche das Chlorophyll zum Verschwinden bringen. Solange die Kügelchen einen Durchmesser von nur 2,4 $\mu$ haben, zeigt sich die betreffende Alge durch Chlorophyll noch schwach grün verfärbt (1). Die Grünfärbung verschwindet aber unter dem weiteren Wachstum der Kugeln, und die letzteren werden stark lichtbrechend (2). Mitunter bilden sich auch zwei Kugeln in einer einzelnen Algenzelle (3). In solchem Falle dürfte der Teilungsprozefs der Algenzelle in seiner Weiterentwicklung gestört worden sein. Der Teilungsprozefs kann aber auch zur vollständigen Entwicklung kommen, dann findet man in den Kulturen halb so grofse Tochterzellen, mit nur einem lichtbrechenden Kügelchen (4). Die Membran platzt. Man findet dann Reste derselben (5) und die frei gewordene Plasmakugel (6). Diese kann unter günstigen Umständen alsbald auskeimen. Nach vorherigem Quellen wächst in der Regel nach zwei entgegengesetzten Richtungen hin das Mycel aus (7), an dessen Enden sich zunächst meistens nicht ein vollständig ausgebildeter Pinsel entwickelt, sondern nur eine Reihe von Sporen (8). Unter Umständen findet man aber auch schon nach der ersten Entwicklung typische Fruchtkörper (9).

Bei der Entwicklung von Pinselschimmel habe ich niemals eine direkte Beteiligung der Algenmembran beobachtet, sondern stets die eben beschriebenen Entwicklungsvorgänge. Anders spielt sich der Vorgang ab bei der Bildung anderer Schimmelformen.

Fig. B stellt die Entwicklung einer Uredoform dar. Ich habe diesen Pilz in verdünnter stark alkalischer Zuckerbouillon zur Entwicklung kommen sehen. Die Algen wiesen zunächst stark lichtbrechende, farblose Einschlüsse bis zu 6,4 $\mu$ auf (2). Wiederholt waren mir um diese Zeit schon Ausstülpungen an solchen Algenzellen zur Beobachtung gekommen, die ich zunächst für den Beginn des Austritts farbloser Kügelchen hielt. Später konnte ich zahlreiche solcher Ausstülpungen aber auch in Algenzellen beobachten, die gar keine gröfseren, farblosen Einlagerungen enthielten (1) und in solchen Präparaten gelang es mir wiederholt, Gebilde, welche an die Sporen des Rostpilzes erinnerten, im Zusammenhang mit den Algenzellen zu sehen. Durchweg waren in diesen Kulturen auch schon ausgebildete frei liegende Schimmelsporen vorhanden. Man mufste deshalb stets zunächst daran denken, dafs diese Sporen sich einfach an die Algen eingelagert haben könnten. Es gelang aber schliefslich auch Bilder zu finden, in denen nur teilweise entwickelte Sporen in solcher Anordnung getroffen wurden, dafs sie als ein weiter fortgeschrittenes Entwicklungsstadium der beschriebenen Ausstülpungen gedeutet werden mufsten (2). Die von dieser Stelle aufgenommene Mikrophotographie spricht ebenso deutlich, wie die in der Tafel wiedergegebene Abbildung dafür, dafs es sich hier tatsächlich um ein Auskeimen der Sporen, unter Beteiligung der Algenmembran handelt. Die abgestofsenen Sporen zeigen Furchungen und sprofsartige Ansätze (3) und keimen in der bekannten Weise aus (4).

Fig. C. In dieser Kultur entstanden ovale, oidiumartige Zellen. Manche Algenzellen teilten sich unter Bildung von einer oder zwei chlorophyllgrünen und einer farblosen Tochterzelle, wie vorhin schon beschrieben (1). In anderen Algenzellen finden sich bis zu drei farblosen Zellen von der Größe der Oidiumzellen in einer Membran eingeschlossen (2). Nach Freiwerden aus der Algenmembran sproßten die Bläschen zu Oidiumzellen von 4,8 $\mu$ Länge und 3,2 $\mu$ Breite aus (4).

Andere Algenzellen teilten sich nicht, sondern das Chlorophyll verwandelte sich in eine farblose Flüssigkeit, und die ganze Algenzelle wuchs unter Bildung eines sproßartigen Anhanges in die Länge (5). Aus solchen Zellen entwickelten sich außerordentlich große Sproßverbände mit farblosen kugeligen Einlagerungen bis zu 4,8 $\mu$ Durchmesser (6).

Andere Algen keimten aus (7) und bildeten ein septiertes Schimmelmycel von 3,2 $\mu$ Durchmesser mit eingelagerten großen Plasmakugeln bis zu 3,2 $\mu$ Durchmesser (8). Die hier abgebildete Zelle enthielt beim Auskeimen des Mycels noch deutliche Reste von Chlorophyll. Der Schimmel bildete keine Fruchtformen, sondern das Mycel löste sich in der Kultur später vollständig auf. Ähnliche Auflösungsprozesse habe ich sowohl bei Schimmel als auch bei Bakterien in den Algenkulturen nicht selten beobachtet, in denen sie sich gebildet hatten. Ihrer Deutung möchte ich hier noch nicht näher treten.

Fig. D zeigt die Bildung eines Schimmelmycels, die sich ebenso einleitete, wie beim Penicillium. Die noch grün gefärbten Algen zeigen eine oder zwei lichtbrechende Plasmakugeln von 2,8 $\mu$ Größe (1). Wenn es zur Teilung der Alge kommt, so entwickelt sich in jeder Tochterzelle die lichtbrechende Kugel weiter bis zu einem Durchmesser von 4 $\mu$ (2). Das Chlorophyll verschwindet (3). Unter Umständen füllt diese Kugel die Membran der Algentochterzelle vollständig aus (4 und 5). Die gereiften Kügelchen quellen und keimen zunächst in einer Form aus, die an Sprossung erinnert. Die Mycelien (7) bilden später zahlreiche lichtbrechende Kügelchen und Saftkugeln (8 und 9). Gelegentlich dauert es eine Woche oder länger, bis es zur Bildung der Sporen kommt und bis man erkennen kann, daß es sich um eine Uredoform handelt.

---

Ich persönlich bin schon seit Jahren durch meine Beobachtungen zu der Überzeugung gebracht worden, daß, wenn die Entstehung der Bakterien aus Algen zuzugeben ist, man es eigentlich von vornherein für eine ganz falsche Auffassung halten mußte, daß aus einer Algenzelle nur eine Bakterienform entstehen könnte, denn dann müßte ja für jede Bakterienform sich eine besondere Art Algenzellen finden.

Die Systematik der einzelligen Algen stößt zurzeit noch auf große Schwierigkeiten. Manche Forscher behaupten, Algenzellen, wie die von mir in Reinkultur gewonnenen, stellten nicht selbständige Arten dar, sondern sie seien nur eine Entwicklungsform höherer Algen. Andere Autoren bestreiten solches auf das entschiedenste. Meine eigenen Beobachtungen haben mich dazu geführt, mit Entschiedenheit dafür einzutreten, daß einzellige Algen, wie ich sie oben beschrieben habe, höheren Algen angehören. Auf dahin gehende Beobachtungen werde ich bei späterer Gelegenheit zurückkommen. Nimmt man die hier präzisierte Auffassung als richtig an, so könnte man ja daran denken, daß die höheren Algenformen vielleicht verschiedenartige, einzellige Gebilde produzierten, welche, wie die hier beschriebenen, imstande sind, sich selbständig fortzuentwickeln, und daſs jeder verschiedenen Form eine besondere Bakterienart eigentümlich wäre. Ich habe mich aber davon überzeugen müssen, daſs die Bakterien sich nicht nur aus der hier beschriebenen Form von Algen entwickeln, sondern auch auf andere Weise. Dieser Punkt liegt auſserhalb meiner heutigen Beweisführung. Ich behalte mir vor, ihn später zur Diskussion zu stellen. Jedenfalls bin ich auf Grund meiner Beobachtungen zu der Auffassung gekommen, daſs die ganzen, hier in Frage stehenden Vorgänge, unserm Verständnis nur zugänglich sein können, wenn sich aus jeder Algenzelle jede beliebige F o r m von Bakterien entwickeln kann. Absichtlich betone ich das Wort »Form«, denn die moderne Bakteriologie steht ja bekanntlich auf dem Standpunkt, daſs Bakterien von völlig gleicher Form, sich kulturell und physiologisch durchaus verschieden verhalten können. Ich bin denn auch zu der Überzeugung gekommen, daſs aus ein und derselben Algenzelle nicht etwa jede A r t von Bakterien entstehen kann. Von allen den vorhin angeführten Bakterienkulturen, die ich aus meinen Algen gewonnen habe, hat sich z. B., soweit bislang geprüft werden konnte, noch nicht eine einzige als pathogen erwiesen.

Das Temperaturoptimum für die Entwickung der Algenzellen selbst scheint bei ungefähr 20⁰ C zu liegen. Stellt man die Algenkulturen auf 37⁰ C, so genügt unter Umständen eine Nacht, um sie abzutöten. Auch die meisten der von mir aus diesen Algen gewonnenen Bakterien wachsen nur bei Zimmertemperatur, nicht aber bei 37⁰. Andere entwickeln sich zwar nur bei 23⁰, sie wachsen aber in späterer Generation auch bei 37⁰ üppig. Durch Zusatz gewisser Nährstoffe zu den Algenkulturen vermochte ich nun aber Bakterien zu gewinnen, die von vornherein bei 37⁰ C wuchsen, das gilt z. B. für zahlreiche Kulturen, die ich aus meinen Ammoniumsulfatnährböden gewonnen habe.

Hierin liegt der Beweis dafür, daſs nicht nur die verschiedensten F o r m e n von Bakterien aus einer Algenzelle zu gewinnen sind, sondern daſs man bis zu einem gewissen Grade auch auf deren kulturelles Verhalten Einfluſs gewinnen kann. Die Frage, ob es möglich sein wird, auch pathogene Bakterien aus denselben Algen zu gewinnen, betrachte ich als noch unentschieden.

Man wird es verständlich finden, wenn ich auf dem Standpunkte stehe, daſs die Art der Bakterien abhängig ist von dem Milieu, in welchem sich die Alge befindet, zur Zeit der Entstehung der Bakterien. Der nächstliegende Schluſs würde sein, daſs im Tierkörper Bakterien entstehen müſsten, die imstande wären, im Tierkörper zu wachsen und ev. Krankheitserscheinungen hervorzurufen. Ich verfüge über zahlreiche Versuche, die ich nicht anders zu deuten vermag, als daſs im Tierkörper, also bei Blutwärme, Bakterien aus solchen Algen entstanden sind, die sich in einem geeigneten Reifungsprozeſs befanden. Ich habe solche Versuche zu meiner Beweisführung nicht mit herangezogen, weil ich, wie ich schon einleitend darlegte, auf dem Standpunkte stehe, daſs sich der Tierversuch für die Entscheidung der Frage nicht eignet, die ich heute zu beantworten wünschte. Ich erwähne diese Befunde nur, um daran die Bemerkung zu knüpfen, daſs von Bakterien, die im Tierkörper entstehen, nicht ohne weiteres anzunehmen ist, daſs sie, dem betreffenden Tier gegenüber, pathogene Eigenschaften aufweisen. Die Frage wird manchem naheliegen, ob sich die aus meinen Algenkulturen gewonnenen Bakterien in ihrem agglutinatorischen Verhalten identisch erwiesen hätten. Das taten sie nicht. Auch war das kaum zu erwarten, im Hinblick auf die verschiedene Form der Bakterien. Weiter möchte ich auf die kulturellen und physiologischen Eigenschaften der gewonnenen Bakterien heute noch nicht eingehen.

Die Arbeitshypothese, an die ich mich im Laufe der letzten Jahre gehalten habe, ist folgende: Nicht alle Algenzellen gleicher Form sind identisch. Möglicherweise wird es gelingen, Algenformen in Reinkultur zu gewinnen, die sich von vornherein giftig erweisen, und nur giftige Mikroorganismen hervorbringen. Zutreffendenfalls würde meine oben entwickelte Auffassung dahin zu ergänzen sein, dafs sich aus derartig pathogenen Algen spezifische Krankheitserreger immer nur unter ganz übereinstimmenden Bedingungen entwickeln können. Ich nehme also an, dafs sich z. B. Choleravibrionen und Typhusbazillen nur im Menschen entwickeln, halte es aber für möglich, dafs aus ein und derselben Algenzelle verschiedene pathogene Formen hervorgehen können, z. B. denke ich mir, dafs aus ein und derselben Mutterzelle im Rinde der bovine, im Menschen der humane Tuberkelbazillus entstehen könnte.

Aus meinen Algenkulturen habe ich, wie dargelegt, Schimmelkulturen gewinnen können. In der Regel lagen in den Algen der betreffenden Kultur farblose Einschlüsse von der Gröfse der Schimmelsporen, die sich später in der Kultur zeigten. Abweichungen hiervon fand ich nur bei der Bildung der Uredoformen. Aus solchen isolierten Schimmelkulturen ist es mir gelungen, Hefe und verschiedene Formen von Bakterien zu gewinnen. Aus zahlreichen Algenkulturen habe ich Hefereinkulturen gewonnen und zwar, wie Tafel IV zeigt, verschiedene Formen derselben. In fast allen Fällen konnte man vor Auftreten der Hefe präformierte, farblose Einschlüsse in den Algen finden, deren Gröfse den jeweilig sich entwickelnden Hefe- oder Oidiumformen entsprach. Aus den isolierten Hefeformen gelang es mir wiederholt, Schimmelkulturen sowohl, wie verschiedene Formen von Bakterien zu gewinnen.

Aufser den beschriebenen und abgebildeten Bakterien habe ich aus den Algenzellen auch noch choleraähnliche Vibrionen gewonnen, die sich bei 37° C in Peptonlösung gut entwickelten, jedoch Rotreaktion nicht gaben und nicht pathogen waren. Ferner traten Sarzine und Streptothrix auf. Unter den gebildeten Schimmelformen war Penicillium vorherrschend, nicht selten entwickelte sich aber auch Uredo. Diesen habe ich als Verunreinigung in ungeimpften Kulturen in meinem Laboratorium noch niemals angetroffen, auch war in meinem Laboratorium mit ihm nicht gearbeitet worden.

Traten in den Algenkulturen Bakterien auf, so behielten diese Bakterien, nach Abimpfen auf Bakteriennährböden, stets die Form bei, die sie auf den ersten angelegten Kulturen zeigten. In der Regel stimmte diese Form mit den in den Algenkulturen aufgetretenen Formen durchaus überein. Unter Umständen aber erscheint die erste ausgetretene Form von Bakterien in der Algenkultur gequollener, und deshalb gröfser, als in den Bakteriennährböden. Eine Abweichung hiervon habe ich nur gefunden, wo die zuerst aus den Algen ausgetretenen Gebilde von vornherein nicht deń Charakter von Bakterien hatten, sondern mehr Schläuchen glichen, aus denen sich Bakterien erst später entwickeln, wie in Tafel III Fig. E bis H gezeigt worden ist.

Auf Grund solcher Feststellungen fühle ich mich berechtigt, dem von Ferdinand Cohn und später von Robert Koch und seinen Schülern immer behaupteten Satz, von der Konstanz der Bakterienarten, zuzustimmen.

Ich betone besonders, daſs meine oben beschriebenen Befunde in keiner Weise im Gegensatz stehen zu den allgemein akzeptierten Feststellungen Robert Kochs. Sie stellen nicht eine Korrektur der gültigen bakteriologischen Auffassungen und Kenntnisse dar, sondern eine Erweiterung derselben.

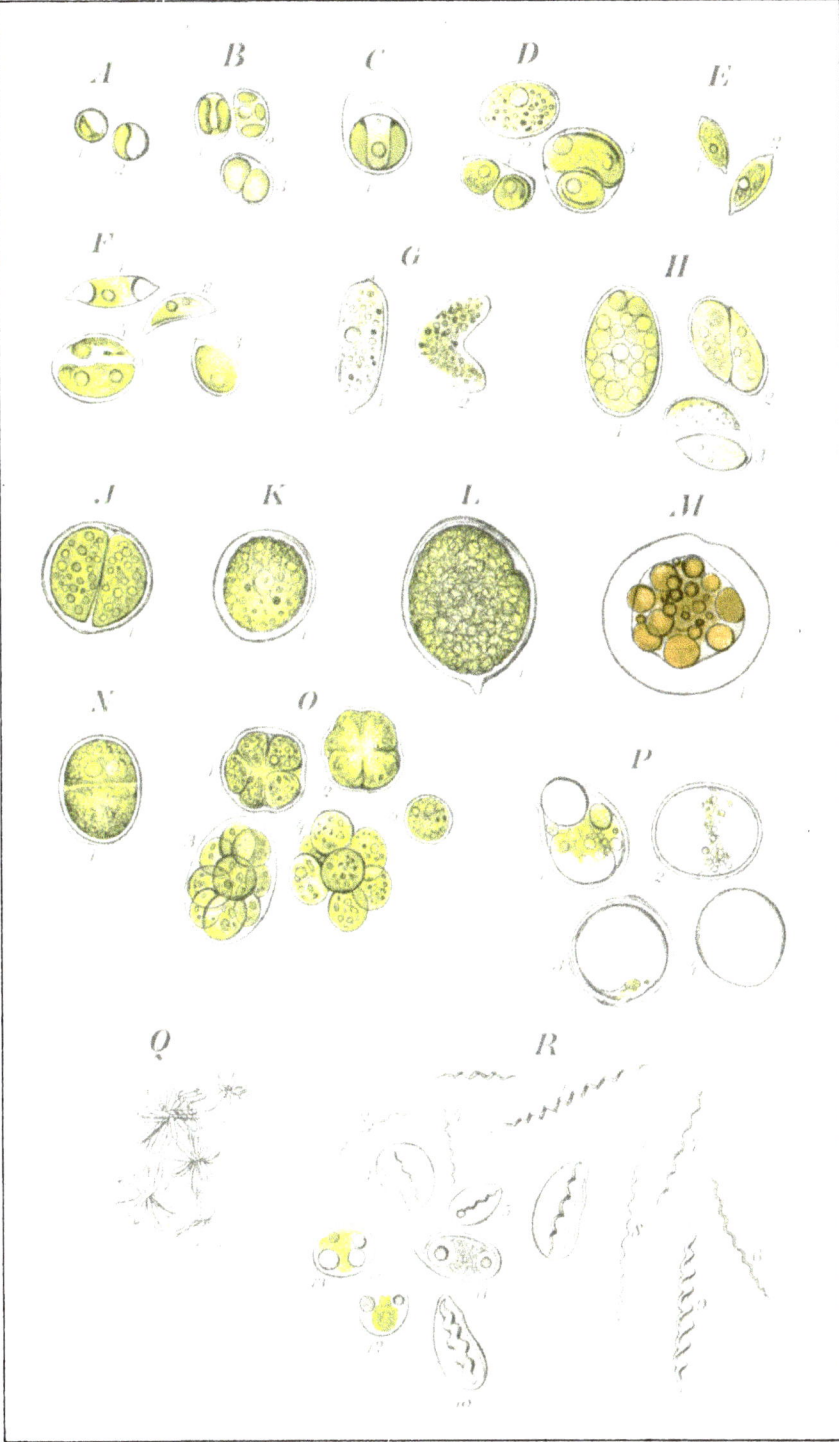

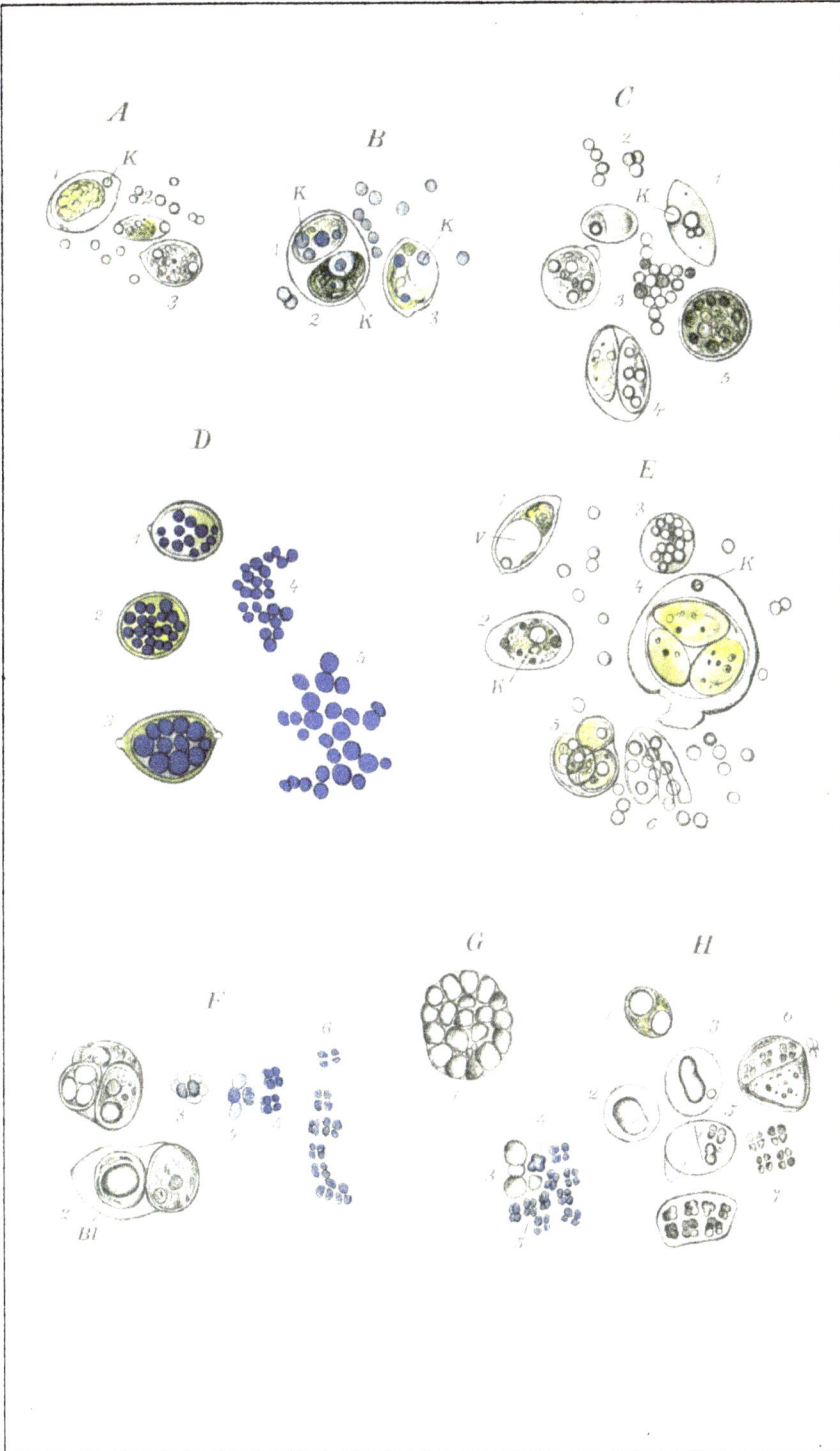

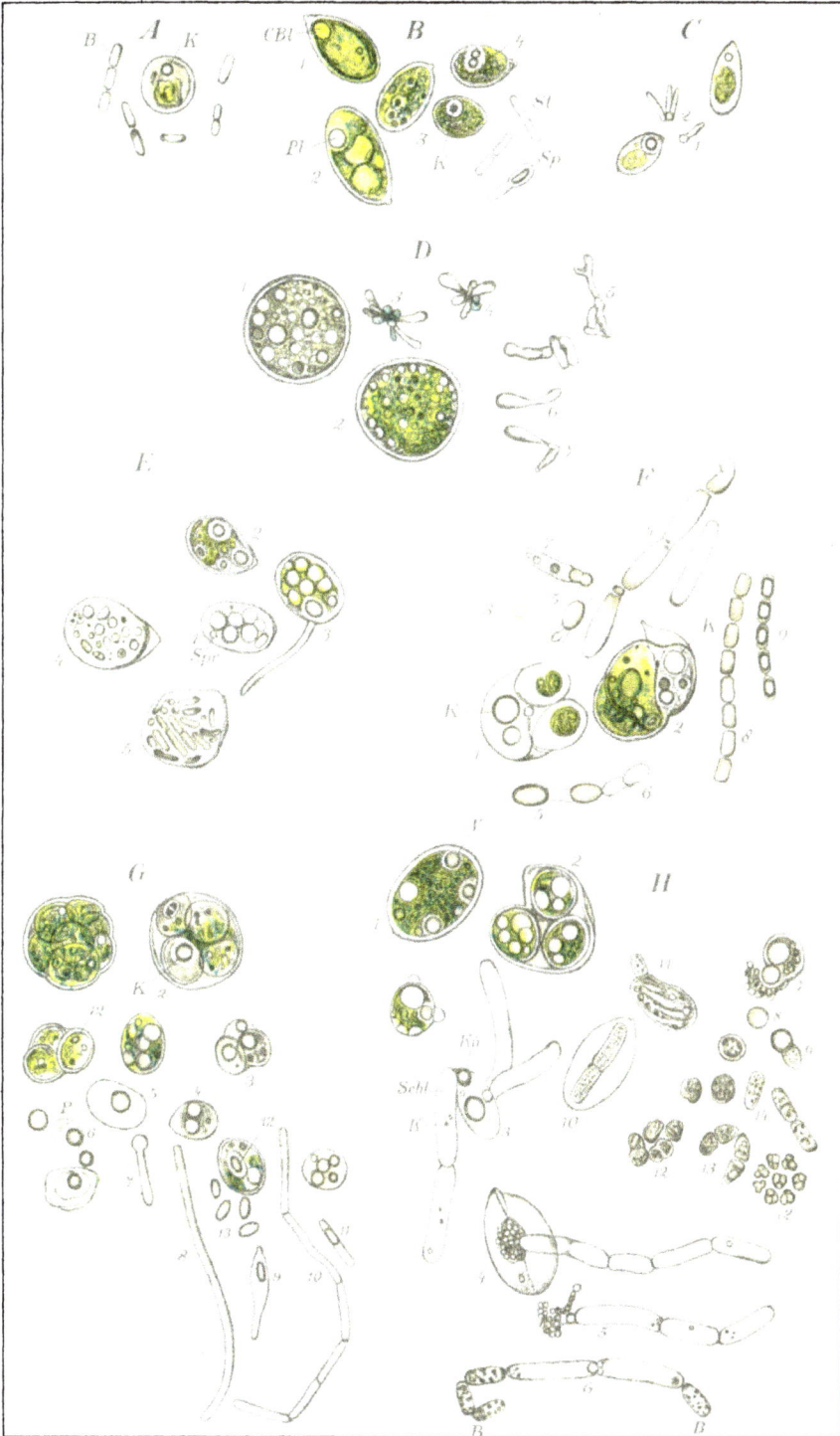

W. Gummelt del.

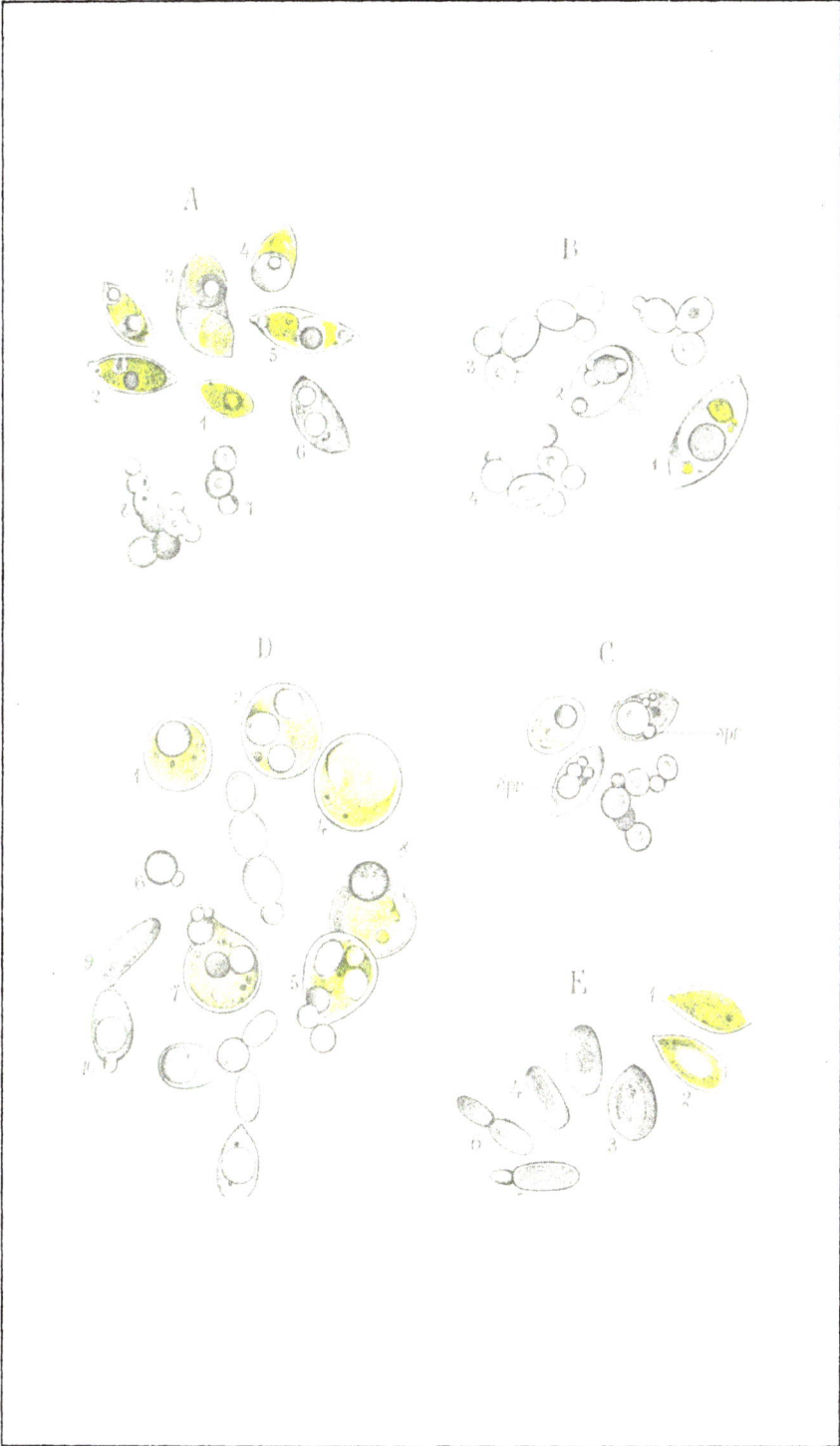

W. Gunnelt del.

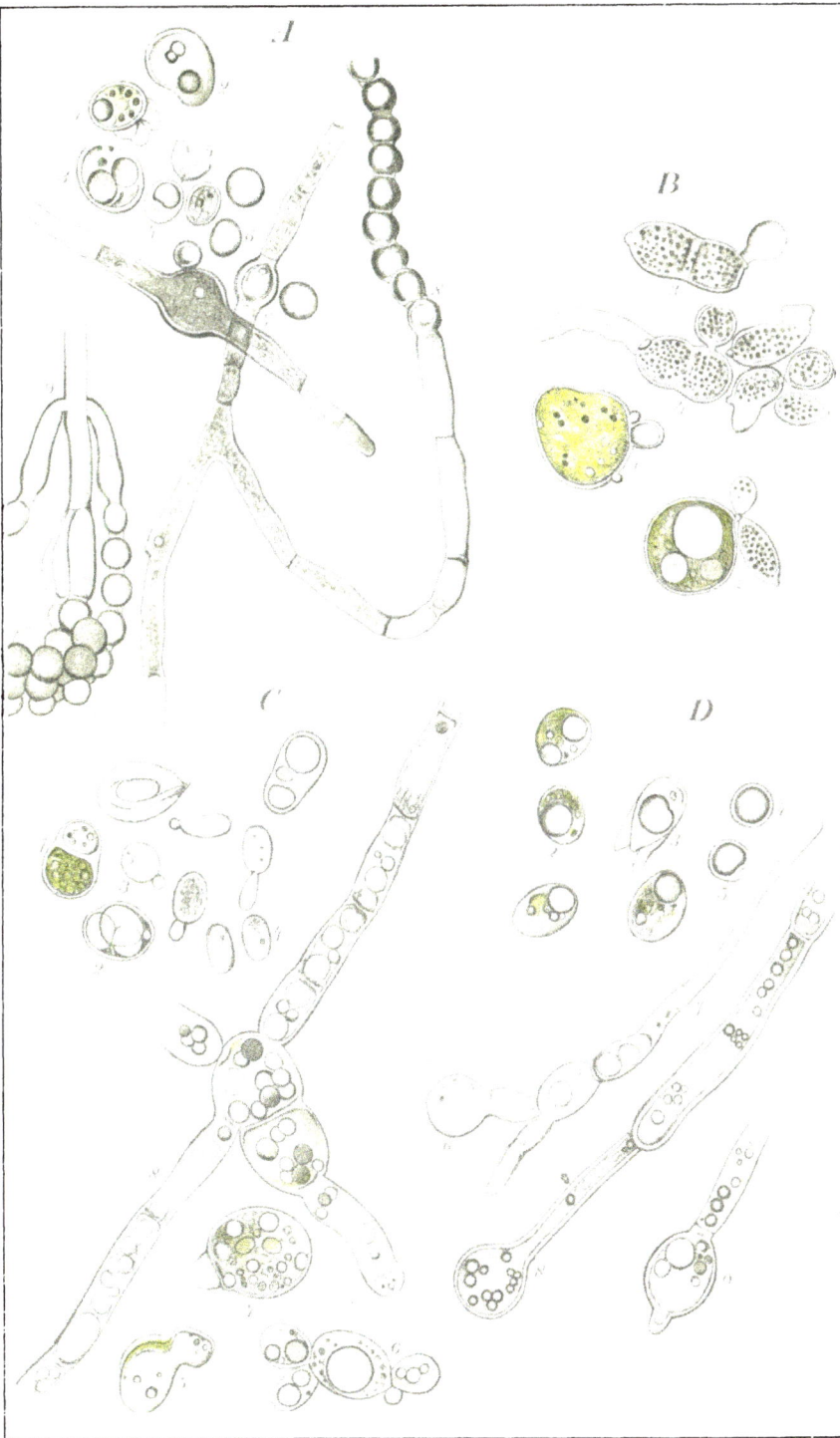

www.ingramcontent.com/pod-product-compliance
Lightning Source LLC
Chambersburg PA
CBHW081520190326
41458CB00015B/5418